New edition!

星空がもっと好きになる

星の見つけ方がよくわかる　もっとも親切な入門書

駒井仁南子

誠文堂新光社

星空散歩って聞いたことがありますか？
星を見ながら夜空を好きなように巡る
空想上の散歩です。
人は想像することで、どんな乗り物よりも速く、
遠くまで旅することができます。
満天の星はもちろん、
遠くに街の灯りが小さく見えたり、
周りに木々がうっすら見える星空も魅力的です。
動物や植物の息づかいを感じながら、
なぜこの宇宙に生まれて、
こうして地球に立って夜空を見ているのだろう

と想像してみたりします。
そんなときいつも、どこか切ないなつかしさを
季節ごとの風に感じるのです。

地上ではいろいろなことがありますが、
夜空の星はいつも変わらずに輝いています。
今夜、私と一緒に星空散歩に出かけませんか？

駒井仁南子

月があったから、
人は宇宙をめざしたのでしょうか。
十五夜、宵待ち月……

月を愛でる言葉は豊富にあります。
当たり前のように月を眺めてきたけれど、
もしも地球に月がなかったら
空はきっとさみしいものだったでしょう。

青い昼間の空が、
少しずつ赤く黄色く染まってゆく。
月の輝きがいよいよ増して、
明るい星も見えてくる頃。
ぐいっと濃紺の闇が迫ってきます。
地球で見られる
一番美しい景色のひとつだと思うのです。

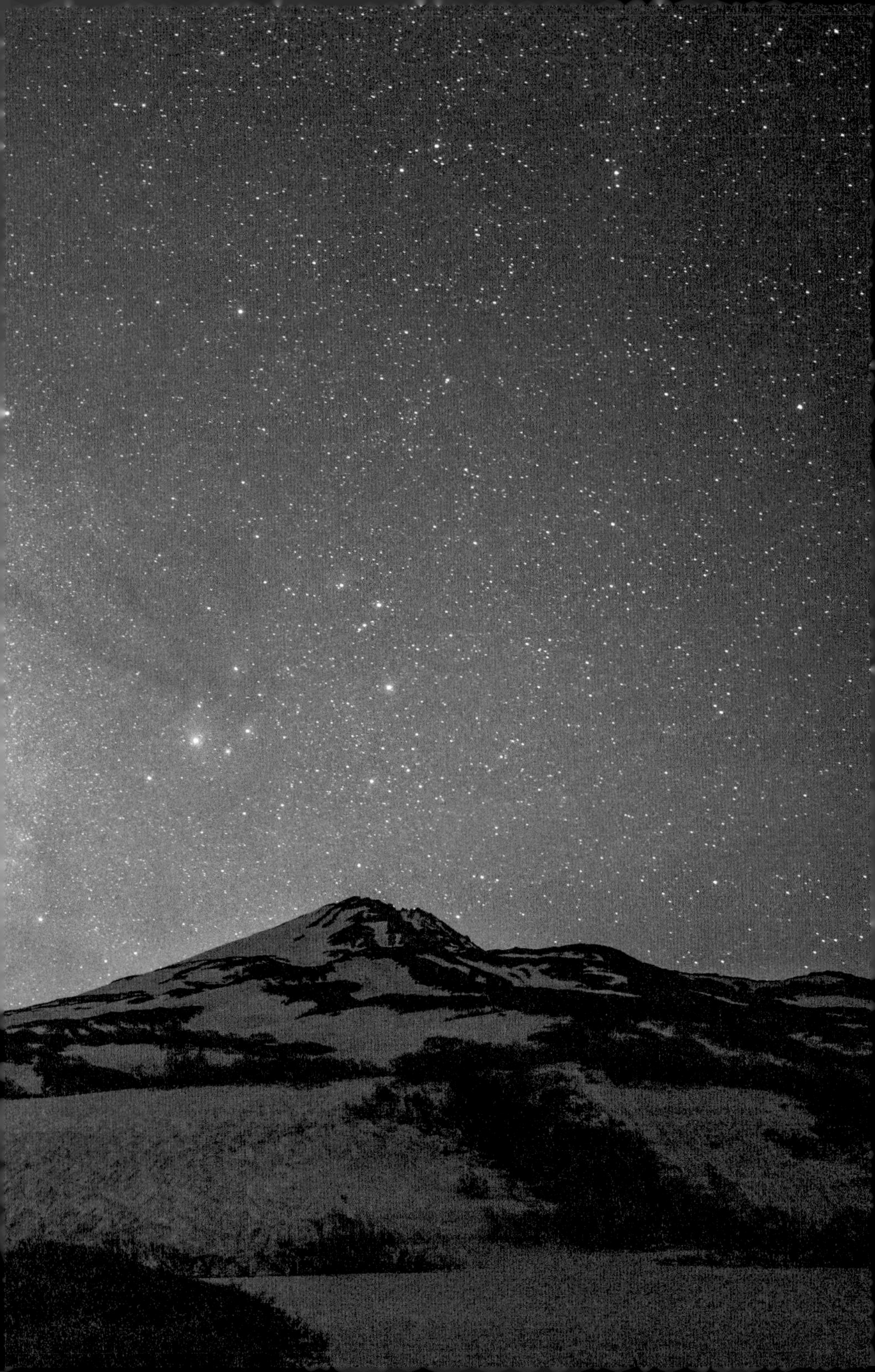

降るような星空の下では
天の川の迫力に圧倒されます。
静かに見える星空は
ダイナミックな営みを繰り返しているのだと
改めて感じます。

地面に寝転がって、
草の香りに包まれながら
空を見上げると、
季節によって虫の声や
風のにおいが違うことに気がつきます。
そして豊かな生命を乗せた
小さなこの星について
ゆっくりと思いを巡らせます。

人工の灯りがない場所で見る星空は、
空との区別がわからなくて
宇宙に溶け込んだよう。
やがて
東の空が少しずつ明るくなり、
空をうめつくす星たちは
朝の光の中にひとつずつ消えてゆきます。

CONTENTS
目次

第4章 満天の星が見たい

第5章 星空の写真を撮る

第6章 さらにもう一歩！ 双眼鏡と天体望遠鏡のこと

※本書は2011年に刊行された『星空がもっと好きになる』の増補改訂版です。

1

星空を見上げる

昔からずっと人は星空を見上げてきたのでしょう。明るい都市では見える星の数がずいぶん少なくなりましたが、どこでも星は見えています。楽しく自由に星を見るイメージを膨らませてもらえたら嬉しいです。

星空を見る楽しみ

日が暮れる頃、空の色がぐんぐん変化します。季節によっても夕焼けの色は異なり、見飽きることのない光景です。景色の美しい場所へ出掛けることができない日もできない人も、平等に見ることのできる、地球でもっとも美しい光景のひとつだと感じます。

やがて東から夜がやってきて、一番星がぐっと明るさを増してゆきます。時間が経つにつれて、生き生きと星たちが輝きはじめます。

明るい星がいくつか見えてきたところで、星と星をつないで何かの形にたどってみると、星がつながりを持って見えるような気がしてきます。ここで星座の出番です。オリオン座やおおぐま座の北斗七星のように、特に整った形の星座もあります。意味を持って星が並んでいると昔の人が考えたのもうなずけます。

そんなとき、ずっと昔の、歴史の本でしか知らない時代を生きた人たちも、きっとこうやって同じように星を見つめていたのだろうなと、思いを巡らせます。海に囲まれた日本では漁師に夜明けの時刻を教えた星が、遠い大地では川の氾濫を知らせたそうです。星空は大きな時計になったり、カレンダーになったり、疲れた心を癒したりしながら、いつも人と共にあったのでしょう。

写真撮影が手軽になったこともあり、星空の風景写真をよく目にするようになりました。人により、景色の切り取り方や視点が異なり、いつも新しい発見と感動を覚えます。

でも晴れた晩は、星空散歩に出かけたい。遠くに街の灯りが小さく見えたり、木々がうっすら見えると、星空だけでなく人の暮らしや、動物や植物の息づかいを感じるようで、五感が研ぎ澄まされます。

あなたの住んでいるところでは、星はどのように見えますか?

どこで見る？

満天の星が見えるところに出かけたくても、普段はなかなか難しいですよね。ここはひとつ発想を変えて、住んでいる場所で気軽に星を楽しんでしまいましょう。特に月はどこにいてもよく見えます。月のない晩には、明るい星を数えてみませんか？　季節によって、明るく見える星の数が違うので、きっと季節の変化を感じられるようになりますよ。

もう少したくさん星を見たくなったら、家の近くで自分だけの星見ポイントを探してみましょう。歩いて行かれるところ、車を使って行くところなど、これまで気づかなかった穴場があるかもしれません。高い建物がなくて、なるべくひらけた場所を探してみてください。ここでくつろぎながら星が見たいと思ったら、そこがあなただけの星見ポイントです。

灯りが少なくなると、夜道の危険も増えるので気をつけて。くれぐれも安全第一です。

ベランダ

庭やベランダに出ると、部屋で見るより視界が広がります。自宅なら椅子を出してゆったりと。

部屋

部屋で見るときは、できれば灯りを全部消して窓全開で楽しみたい。虫が入るのには気をつけて。

公園

夕方に一番星を見ながらお散歩。ちょっと座って眺めたいときに寄り道してみましょうか。なるべく数人で一緒に。

帰り道

学校や仕事の帰りに見上げると、星がずっとついてきますよ。帰り道が楽しくなります。

ビルの屋上

周りの建物に邪魔をされないので、ぐるりと空を見渡せます。屋上で観望会を行うこともあります。

田んぼや畑

田んぼが広がっているところは星がよく見えます。たまに三脚を出して写真を撮っている人に出会うことも。

山やキャンプ場

星を見るにはうってつけの場所でしょう。野外での食事や自然観察なども一緒に楽しんでくださいね。

高台や土手

視界が遮られないので、近くにあればぜひ。冬の土手は寒いので、暖かい格好で行きましょう。

街中と郊外の星の見え方

街中の星の見え方

　東京では星が見えないからプラネタリウムで見るんだと話してくれた人がいましたが、大丈夫、東京でも明るい星はちゃんと見えています。新宿や渋谷でも明るい星がビルの合間から見えます。少し灯りを避けるともう少し見えます。手をかざして建物の灯りをさえぎるだけでもずいぶんちがいます。少し怪しいたたずまいになりますが、筒のようなもので空を覗くように見ると、もっと見やすくなります。手のひらで筒を形作ってもいいでしょう。都内でも閑静な住宅街へ行くと、北極星もよく見えて、力強く北を示しています。場所によって見える星の数がちがうので、あきらめないであちこち散歩してみてください。

　明るい空でも見えるのだから、きっとどこの街でも見えると思います。あなたの街でもきっと。

街中でも明るい星は見えています。なるべく空高く昇っている星を探しましょう。晴れた晩には案外見えることに気づくかもしれません。月は明るくて変化が大きいのでおすすめです。

郊外の星の見え方

街の灯りが少ない郊外では、街中にくらべて見える星の数がずいぶん増えます。それでも暗い星までは見えないので、星座をたどるにはちょうどいいかもしれません。ぎっしり満天の星だとすべての星がぱきっと明るく輝いて見えて、星と星を結んで星座を見つけることが少し難しくなるからです。だから郊外では星座探しを楽しみましょう。

郊外でも中心部はかなり灯りがあふれていますが、少しそこから離れると田んぼや畑が広がって、一気に星が見えてきます。中心部から離れるにつれて空が生き返るのを感じます。アンドロメダ座やオリオン座にある、ぼんやりふわふわの星雲まで見える日もあります。星雲を見るときは、場所を確認してからいったん目を少しそらし、目の端で見るのがポイント。夜空に流し目。目の感度は中心より端の方がいいのです。

郊外では、星座をなんとなくたどることができます。季節によって見える星座が変わるので、星空を見るようになると、空から季節を感じたりします。春夏秋冬それぞれひとつでも星座を覚えるといいかもしれませんよ。

※星雲とは…ぼんやりと広がりを持って見えるガスの広がりや、星の集まりなど。

どんなときに星を見る？

1人で見る

ふっと星を見上げたくなるのは、たとえば仕事を終えて駅まで歩く道。仕事モードから、プライベートモードにスイッチが切り替わる時間です。ちょっと疲れたなぁというときに、思わず空を見てしまうのはどうしてでしょう？　地上でいろいろあっても、空では変わらず星が輝いていて、ほっとするのか、日常を離れて、宇宙にぽんと浮かんでいる気分になれるからなのか……。うっすら明るい空に一番星、その近くに細い三日月があれば、沈むまで見たくなります。

夏は夜風が心地よくて、星を見ながらいつまでも歩いていたい気分になります。冬は寒いですが、日の落ちる時間が早くて、星がきらきら輝いて見える季節。1人で歩いていると、季節の変化を感じながら、好きなだけ星空に浸れます。

ぼぉっと星を見ていると心が和みます。一日の締めにいかが。

夜のコーヒーブレイクにちょっと星空を。考えごともすっきりするかも。

note

歩きながら、よく空を見上げます。いつもの大通りから一本入った道で明るい星を見つけたら、近くのベンチで眺めてみたり、フットワーク軽く気の赴くままに動けるところが、1人で見るときのよいところ。

近所の公園は広くて、木登りできる木があって、空がぐるっと見渡せます。子供たちが帰る頃、犬の散歩場所となっていつも賑やかです。子供たちとわいわい一番星を探すことも。ここで見上げる空が好きです。

2人で見る

澄んだ空に星がきれいに見えていると、誰かを誘って一緒に見たくなることはありませんか？　星の見えるところでゆっくり語り合うのもいいものです。普段なかなか話せないことでも、星空の下では話せる気がします。そのうち話が宇宙にまでおよんだら、悩み事も小さく感じられて、また笑顔になれるかもしれません。

もしも隣にいるのが特別に大切な人だったら、一緒に見た星はちょっとロマンティックに感じられるかもしれませんね。しばらく離れることがあっても、あの星を見ようねと約束すると、遠くにいても空でずっとつながっているような気がしたり……。

私は祖母と見た星が忘れられません。顔も知らない祖父の話を、縁側で星を見ながら私に教えてくれました。きっと祖母は星を見ながら、毎晩祖父と対話しているのだろうなと思いました。今は私が夜空を見上げて、祖母や母のことを時々思い出しています。

星空の下にいると、お互いの顔がよく見えないから、素直に話せるのかもしれません。

一緒に見た星空が2人の思い出になるといいですね。流れ星が流れますように。

note

たまには友人と静かな場所で語り合うのもいいですね。土手や公園で星空を眺めながらのんびりと。時間がゆっくりと流れます。

素敵な景色の見える場所を教えてもらうと、子供の頃の秘密基地を思い出して嬉しくなります。一番星や美しい夕焼けの感動を分かち合えるのも、2人で出かけたからこそ。仲良しのペットと一緒に公園のベンチで空を眺めるのも、素敵な時間になりそうです。

大勢で見る

みんなで星空の下へ繰り出すのも楽しいですね。食事の打ち合わせをしている頃から楽しい時間が始まっています。バーベキューや鍋などができる場所なら、食材を持ち寄るとお互いに意外な発見があってこれも楽しい。あるとき、豚汁の中から、唐揚げが出てきてびっくり。星を見ながら大笑いでした。

星仲間で繰り出し、ちょっとマニアックな話を聞くのも楽しい時間。私は大きな手作り望遠鏡で星を見せてもらうのが楽しみで、機材を持たずに同行させてもらうことも。観望会とは違い、ゆっくり星空と対峙するひとときです。

学生時代に仲間とキャンプしたとき、日の出が見たくてそっとテントの外に出てみると、友達も出てきていて、２人で静かに１日が始まるのを見ていたこともありました。何も話はしなかったのに、特別な絆で結ばれたような時間でした。

家族で見る星空。日常の隙間にふっと星が入ってくるのは、一番星を見つけたときかなと思います。

スープや汁ものは体が芯からあたたまります。鍋に合う食材を持ち寄って。

note

自然を楽しみながらのハイキングや、思い切り体を使うアスレチックで盛り上がった晩、ゆっくりと星を眺めたい。キャンプ場など、料理も会話も楽しめる場所は便利です。

夜はふわふわのブランケットにくるまって、皆でごろんと星を見上げたい。皆の会話をBGMに星を眺める人、星から離れて会話を楽しむ人、明日に備えて早速夢の中の人、いろいろいるから楽しいです。

Column 1

星を見るときに聴きたい音楽

プラネタリウムや星空の下で聴きたい曲のリクエストをいただくことがあります。季節や年齢によりリクエスト曲も幅広く、どのような思いで星を見たり音楽を聴いたりするのかなぁと想像しています。

星が見える夜、運転しながらプラネタリウムで流す音楽を聴くこともあります。どれも星空にぴったりでいいなぁと思いながら、ポップミュージックからクラシック音楽まで、決まったジャンルではなく、さまざまな音楽を聴いています。

ここでは、リクエストの多いポップミュージックを中心にご紹介します。私が今夜聴きたい音楽には、まっすぐな勇気をくれた人を思い出す大切な曲も含めました。雨の日など星が見えない時間には、音楽とともに漆黒の宇宙へと想像が広がります。みなさんからも、星空や宇宙に合う音楽を教えてもらいたいです。

リクエストの多い音楽

- 「星に願いを」
- 「天空の城ラピュタ」
- 「Believe」
- 「翼をください」
- いきものがかり「YELL」
- タイトルに「プラネタリウム」「流れ星」とつく曲

著者が今夜聴きたい音楽

- Michel Jackson「Heal the world」
- Curly Giraffe「Dear friend」
- スキマスイッチ「SL9」
- Bump of chicken「天体観測」
- Gipsy Kings「Inspiration」
- Chen Min「Feel the moon」
- Gipsy Kings「Inspiration」
- Origa「ポーリュシュカ・ポーレ」

編集担当者にも聞いてみました

- Urmas Sisask
  「"Pleiades" from Starry Sky Cycle No.1 Northern Sky Op.10」
- Nils Landgren「The Moon, The Stars And You」
- 寺尾沙穂「楕円の月」
- ZABADAK「小さい宇宙」

2

星のことを知る

きらきらの星を眺めるだけで幸せな気持ちになりますが、夜空のことを少し知っていると世界が広がる気がします。宇宙はどこまでも奥が深いのです。ここではその入り口を少しお話したいと思います。

星の種類

夜空の星や月、太陽、私たちの地球は、どこが違うのでしょうか。そこで大きく「恒星《こうせい》」「惑星」「衛星」の３つに分けて整理しました。

まずは星座を作る星たち。これらは恒《つね》なる動かない星、という意味で「恒星」と呼ばれています。昔の人は、動かない星と星を結んで星座を考え出しました。恒星は自分で光や熱を出して輝いています。太陽は恒星。昼間の太陽は、なんと夜空の星と仲間なのです。

恒星の周りを回るのは惑星。星座の星の間を惑うように動きます。地球は太陽の周りを回る惑星で、８姉妹（兄弟かも）です。特に地球に近い５つの惑星は、太陽の光を受けて明るく輝くので、何日か見ていると恒星の間を動いてゆくのがわかります。惑星は明るくて、色もさまざまで楽しいです。

惑星の周りを回るのが「衛星」。月は地球唯一の衛星です。地球に近くて、一番親しまれてきた天体ですね。

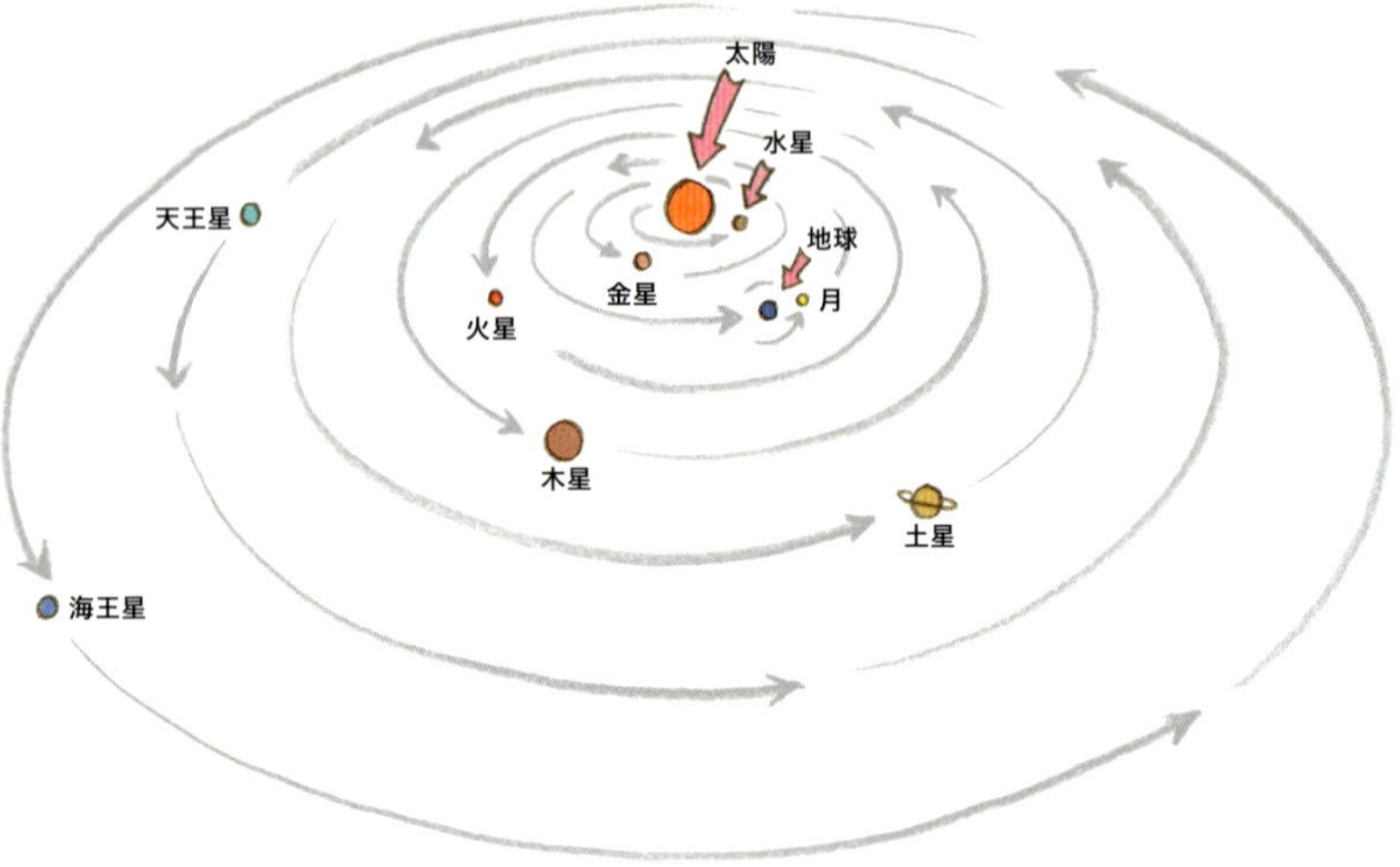

太陽を中心に、8つの惑星が回っていて、地球は太陽から数えて3番目を回っています。これらの惑星とその衛星をまとめて「太陽系」と呼びます。太陽系は銀河系という1000億個以上の恒星の大集団の端にあります。星の大集団、銀河は宇宙には無数にあるのです。

惑星の種類

金星、火星、木星、土星は特に明るく見えます。毎日見ていると、少しずつ星座の星々の間を惑うように動いてゆくのに気づくかもしれません。水星は太陽に近く見つけづらいのですが東京でも見えました! 探してみてくださいね。

水星

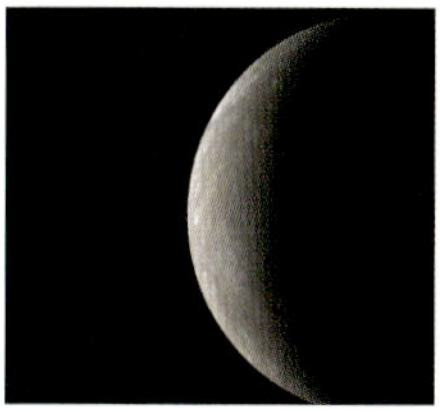

太陽に近く過酷な環境のため探査が難しい。表面温度は430℃～−170℃。米探査機ベピ・コロンボの観測に期待。

火星

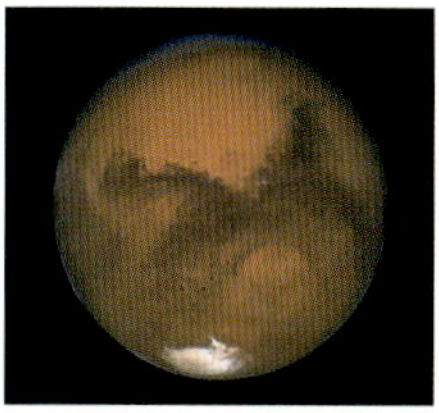

表土の酸化鉄で赤く見える。極にドライアイスの氷がある。高さ25,000mのオリンポス山は太陽系最大の山。

金星

地球とほぼ同じ大きさ。月のように満ち欠けして見える。二酸化炭素の温室効果で表面温度は500℃くらい。

土星

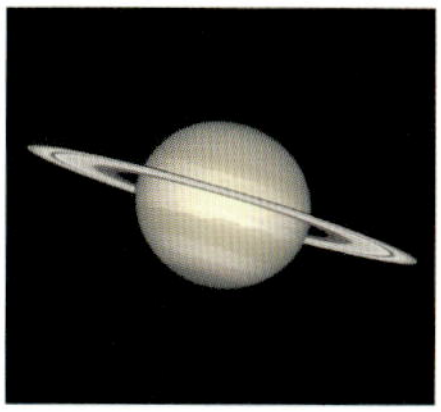

大きな環を持つ惑星。環は薄いため、土星の傾きによって15年ごとに見えなくなる。

木星

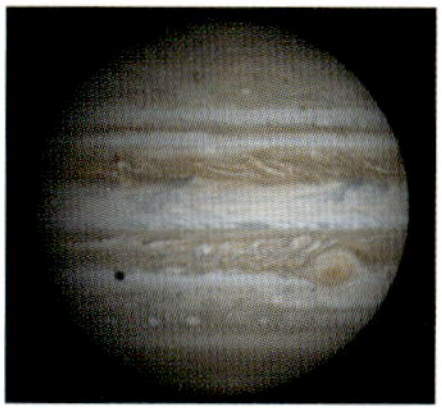

太陽系最大。太陽の成分と同じ水素とヘリウムでできた惑星。天体望遠鏡を使うと表面の縞模様が楽しめる。

海王星

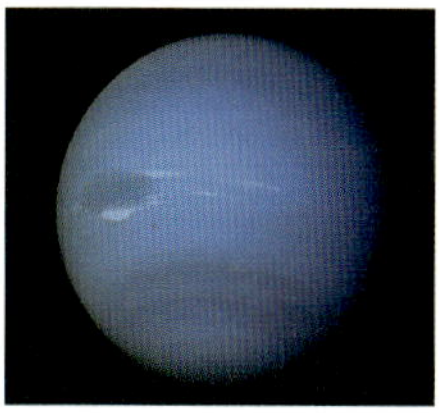

メタンが赤を吸収、青く見える太陽系最遠の惑星。訪れた探査機は1989年ボイジャー2号のみ。

天王星

青っぽく見える惑星。6等星なので、条件のよい空で目のいい人だと見つけられるかも。唯一、横倒しで自転している。

※写真提供：NASA

星の大きさ

私たちにとって地球はとても大きく感じられますが、太陽系最大の木星は、直径が地球のおよそ11倍もあります。質量は、他の７つの惑星をすべて足して、さらに２倍するより大きいのです。

惑星に比べると、恒星はもう貫禄が違います。太陽は、太陽系のすべての惑星を合わせた質量よりもずっと大きく、木星のおよそ１０００倍。さらに銀河系の中には太陽よりずっと大きな恒星がたくさんあり、たとえば夏ならさそり座のアンタレス、冬ならオリオン座のベテルギウスなど、いくつも見つかります。どちらも質量が太陽の何百倍もありますが、光のスピードで何百年もかかるところにあるため、光の点としてしか見えません。

銀河系の外には、さらに銀河（恒星の大集団）が無数にあります。そんなにたくさんの星があっても、現在、生命の確認されている星は地球だけです。

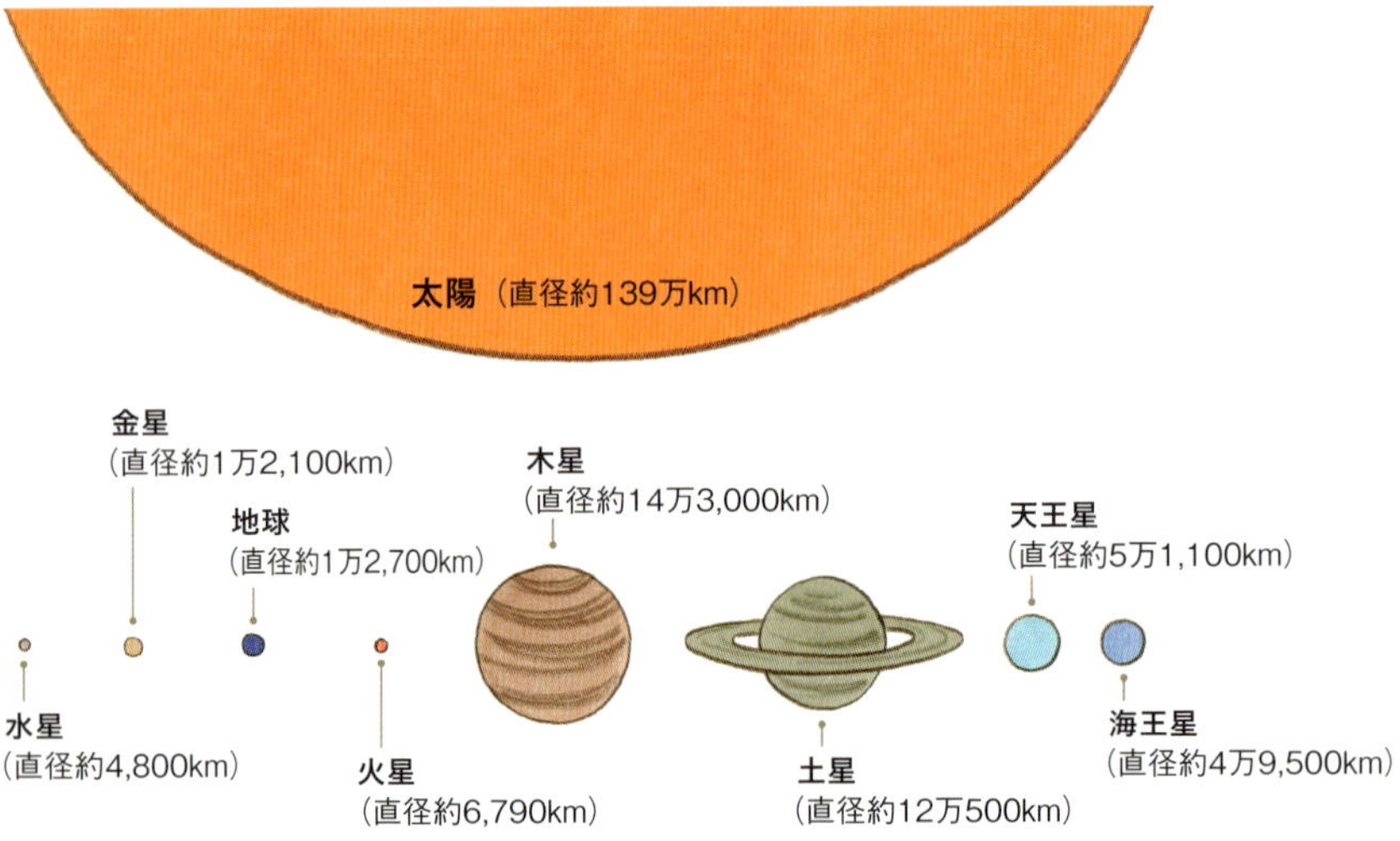

太陽と惑星の大きさ

太陽は地球の直径約100倍にもなります。この太陽の直径約230倍にもなるのが、さそり座のアンタレス。夜空に浮かぶ小さな点に見える星が、そんなにも大きいだなんて、なかなか想像できないですね。

星の明るさ

星の名前や星座がわからないときには、星の明るさの違いを楽しむのも一興です。

星の明るさに注目して数字で表したのが、2000年以上前のギリシャの天文学者ヒッパルコスでした。目で見える一番明るい星を1等星、目で見える一番暗い星を6等星とし、それが現在でも使われています。1等星より明るい星は、0やマイナスを使って表します。小さくても地球に近い星は明るく見えます。街中では、2等星か3等星くらいまで見え、4等星ばかりの星座は見えづらいかもしれません。出かけた先で見える星の数をかぞえてみましょう。

今度は、明るく目立つ星を選んで、色を見比べてみましょう。双眼鏡を使うと、色の違いがわかりやすいです。星は白か黄色だと思っていたら、赤っぽい星、クリーム色の星、水色の星など、よく見るとけっこうカラフルなのです。

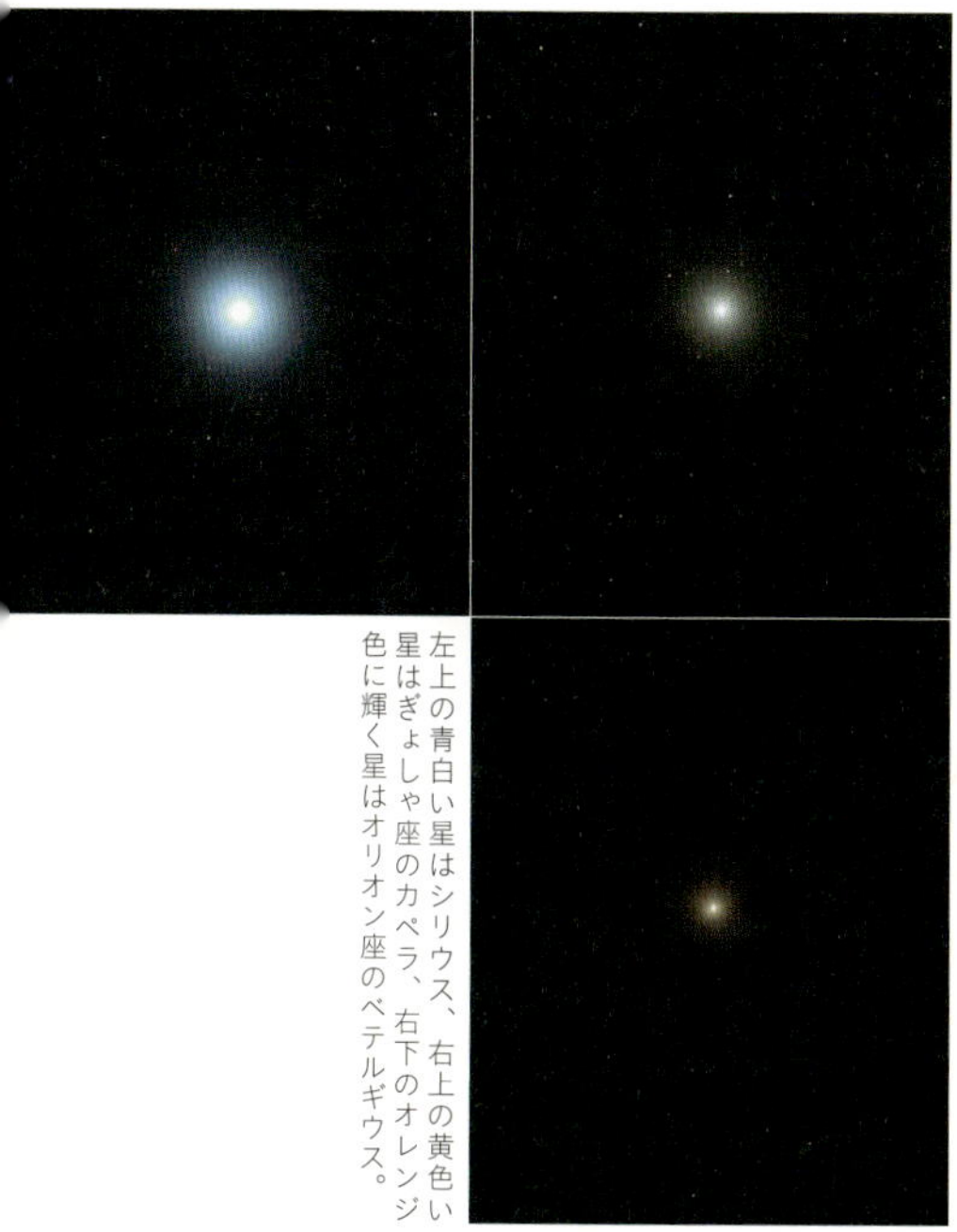

左上の青白い星はシリウス、右上の黄色い星はぎょしゃ座のカペラ、右下のオレンジ色に輝く星はオリオン座のベテルギウス。

星座を作る星で一番明るい。0等や-1等もまとめて1等星と表現することもあります。合わせて全天で21個。	1等星以上
1等星より2.5倍暗い星。街中でも晴れた日にはよく見えます。全天で67個。	2等星
郊外ではこのくらいまで見えます。でも場所によっては見えないかもしれません。全天で約190個。	3等星
時々郊外でもここまで見えることがあります。あなたの街ではどうですか？　約710個。	4等星
これは視力と空の条件がよくないと見えません。星図片手に挑戦してみてください。全天で約2000個。	5等星
目で見える恒星としては一番暗い星。1等星の100分の1の明るさ。双眼鏡を使って。全天で約5600個。	6等星

※3章の60〜92ページは、上の記号を使って星を表し、星座の紹介をしています。参考にしてみてください。

一番星と宵の明星

太陽が沈んで間もない、まだうっすら明るい空に最初に見えてくる星が一番星です。なるべく遠くを見る感じで探してみてください。空が暗くなるにつれて、二番星、三番星も見えてきます。

特に金星は、空を見上げることが少ない人でもふと目を奪われるほど明るく金色に輝いています。そのため、金星＝一番星だと思っている人も多いかもしれません。金星が一番星になると特別に「宵の明星」と呼ばれます。（金星は明け方の空に見えることもあり、そのときには「明けの明星」と呼ばれます）。

じつは一番星は、星座の1等星だったり、惑星だったり、季節によって変わります。時間に余裕のある日なら、星座がわかるくらい星が見えてくるまで待ってみましょう。そしてこの本の60ページからの星座の見つけ方を参考に、どの星座の星か調べてみてください。もしも載っていない明るい星なら、きっと惑星です。

一番星の種類

特に決まった星はなく、星座を作る明るい星や、惑星が一番星になります。慣れてくると、星座の星なら季節で、惑星なら色と明るさでなんとなくわかるようになってきます。

月の下に見えるこの日の一番星は、宵の明星・金星です。

月のこと

もっとも身近な夜空の天体は、なんといっても月でしょう。星の見方がわからなくても、月は簡単に見つけることができます。周期的に、形や空に見える位置が変化するので、いわゆる旧暦は月を暦の基準としていました。また三日月を暦にした記述も残っています。春と秋の三日月は傾きが異なります。望遠鏡がなくても表面の模様まで見られることも、魅力のひとつです。

月にまつわる言葉が話題になることもありますね。ブルームーンはその月の2回目の満月。また、日本より緯度の高いイギリスなどでは、地平線に近く赤みがかった月をストロベリームーンと呼ぶことがあります。瑞々しくおいしそうなネーミングですが、意味はよく調べてから使いたいもの。おもしろいと感じたら、そこから色々調べてみてくださいね。

ところで、月はどのくらいの大きさに見えますか？低く見えているときには、地上の景色とくらべるためなのか、大きく見える気がしますよね。ぜひ満月の夜に大きさを調べてみましょう。5円玉を手に持って、腕をいっぱいに伸ばしてみると、まんなかの穴の中にちょうど月が入ります。空高く見えるときにも、同じように入ってしまいます。案外小さいですか？　それとも大きいと感じたでしょうか？　ちなみに、月の実際の大きさは、直径が地球のおよそ4分の1です。

月は人類が行ったことのあるただひとつの天体。いつか、月から青く美しい地球を眺めたいと思います。

月は、太陽と並んで私たちに一番身近な天体の一つです。

月の各部の名称

黒っぽく見えるところは「海」と呼ばれます。
月のことがよくわからなかった頃には、海があるように見えたのかもしれません。
海やでこぼこのクレーターには、ユニークな名前がついています。

虹の入江

虹の形がかわいくて幸せを運んでくれそう？　丸くならなかったクレーター。

コペルニクス

うさぎのお腹のクレーター。ティコもコペルニクスも1〜9億年前にできた比較的新しいものです。

アペニン山脈

アポロ15号がこの辺りに着陸しました。月で一番大きくて古い山脈。半月の頃が見頃です。

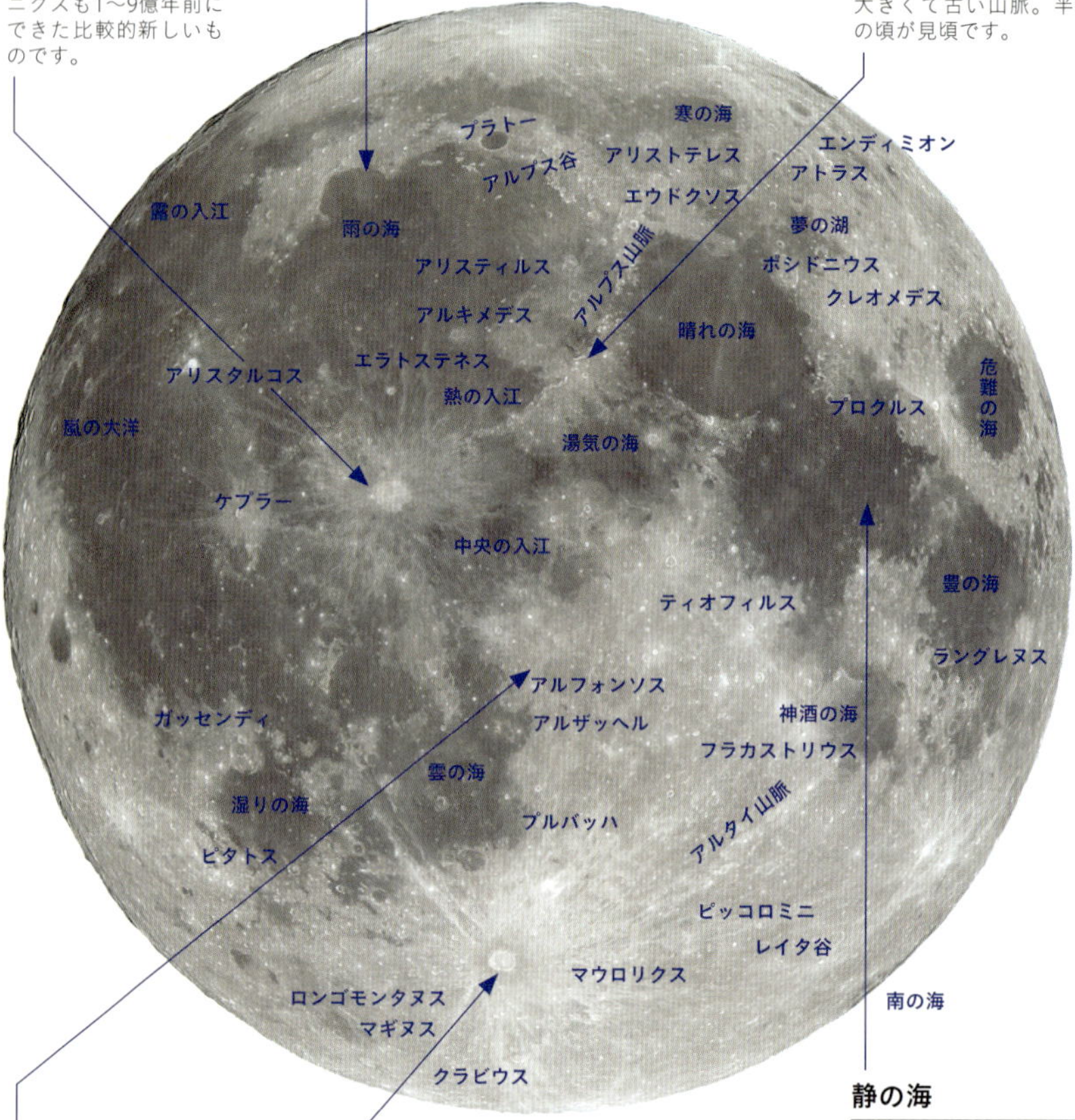

静の海

アポロ11号で人類が初めて降り立ったところ。いまでもきっと足跡が残っているはず。うさぎの顔の辺りです。

プトレマイオス

小さな望遠鏡でも楽しめるクレーター。半月の頃がおすすめです。

ティコ

目で見てわかるクレーター。ここからスイカのように放射状のすじが見えます。満月の晩にぜひ見てみてください。

※天文学者や神話の登場人物もクレーターの名前になっています。名前をよく見ていくと楽しいですよ。

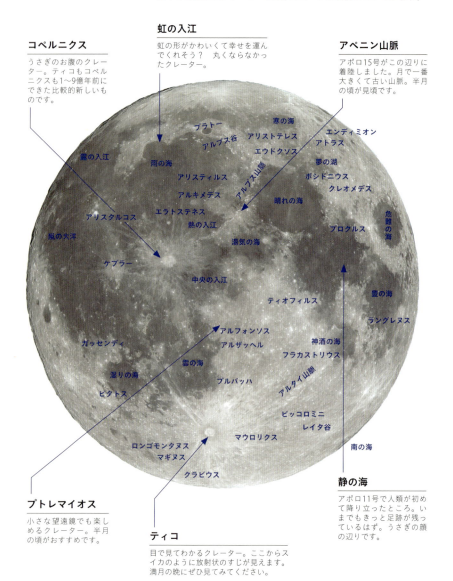

月の模様

道具を使わなくても表面の模様が見える星は月だけ。
私には飼っている猫のお腹の模様に見えます。
ここでは、色々な模様に見える月の見方をご紹介。

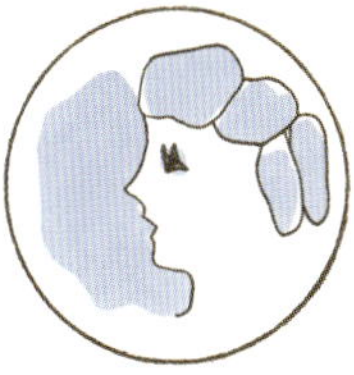

女性の横顔（白い部分が顔）

吠えるライオン

うさぎ

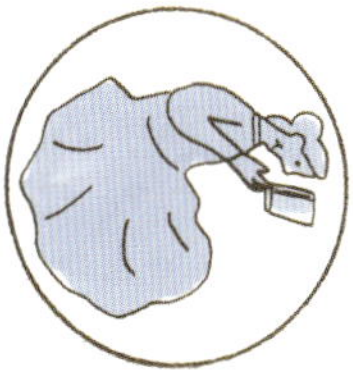

本を読む老婆

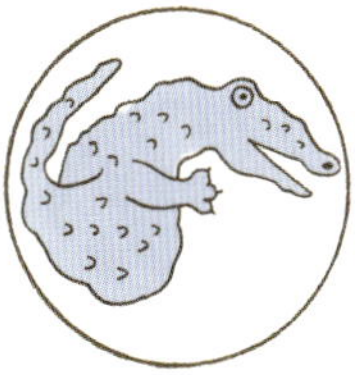

ワニ

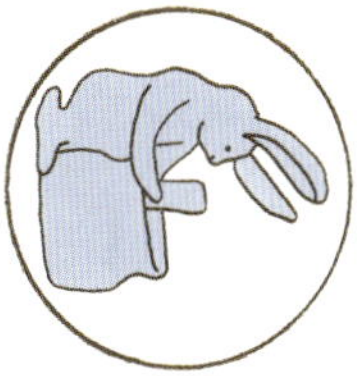

餅をつくうさぎ

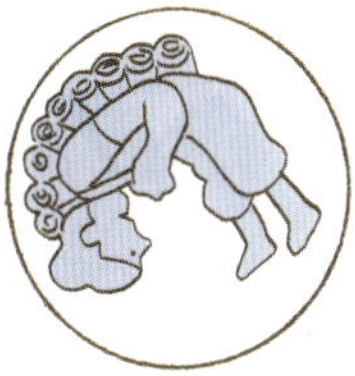

薪をかつぐ男性

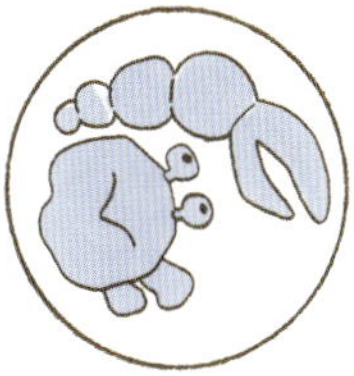

大きなハサミのカニ

野うさぎ

女性の泣き顔

ヒキガエル（白い部分）

ロバ

※月は地球をひと回りするときに、ちょうど1回転しているので、いつも同じ模様が見えています。

月の満ち欠け

月の形から、太陽がどのあたりで月を照らしているのかなんとなく想像できるのも、月の魅力のひとつ。地球がここで、太陽があっちで、向こうに月が浮かんでいて……と星空を立体的にイメージしてみてください。

昼間の空に月が見えることがあります。ボールを手に持ってかざすと、太陽の光で月と同じ形に欠けて見えます。丸い給水塔も観察してみてくださいね。

月は日を追うごとに形が変わって見えます。自分で光っているのではないので、太陽の光がどこに当たるかで、地球から見える形が変わるのです。たとえば太陽が沈んで間もない西の空では、細い三日月が太陽の側（右側）を輝かせながら見えます。三日月は、新月から2日目のとても細い月です。明け方の細い月は、太陽が昇る前の東の空に見えます。こちらは26〜27日月。今度は月の東側から太陽に照らされるため、夕方とは反対向きです。月は一日におよそ50分ずつ、昇ってくる時間が

遅くなります。夕方の三日月を見つけたら、ぜひ翌日の同じ時間にも月を見てください。少し太って前の日よりも高く見えます。

上弦と下弦はどちらも半月。昔は月の形をそのまま弓に見立てて、弦月と呼んだそうです。旧暦では、ひと月を3つに分けて上旬、中旬、下旬としました。弦月は月に2回あるため、上旬の弦月を「上弦」、下旬の弦月を「下弦」と呼びました。ただ感覚としては、弓の弦が上を向いて沈む月を「上弦の月」、下向きに沈む月を「下弦の月」と考えるとわかりやすいかもしれませんね。

満月は太陽が沈むと東から昇ってきて、真夜中に南中します（一番高く昇ります）。日が沈んで星を見ていると太陽のことを忘れてしまいますが、満月を見ながら、太陽はいま地面の真下にあるのだと想像しています。

また時々、細い月でも月全体がうっすら見えることがあります。太陽に照らされた地球の光が、写真の撮影などで使われるレフ板のように反射して月を照らすためです。これを地球照《ちきゅうしょう》といいます。

星座のはなし

星がさっきとは違う場所へ動いている、と思ったことはありませんか？　目印になる木や建物があると、動いたことがよくわかります。これは地球が自転しているため。望遠鏡で見る場合、特別なセッティングをしないと、星は視野からどんどん外れていきます。

ちょうど見やすい時刻（夜8時～0時頃）に南の空に見える星座をその季節の星座としていますが、自転するので、ひと晩中起きているとほかの季節の星座も見られます。本当はすべての季節の星座が見られるはずですが、太陽方向の星座は見ることができません。

太陽の光が地球に当たる側が昼、影になる側が夜です。夜の側では、星が見えます。地球は自転しながら、1年かけて太陽をひと回り（公転）しています。だから地球が宇宙空間を進むにつれて、見える星が変わるのです。それを「夏の星座」や「冬の星座」などと呼んで、私たちは地球から楽しんでいるのです。

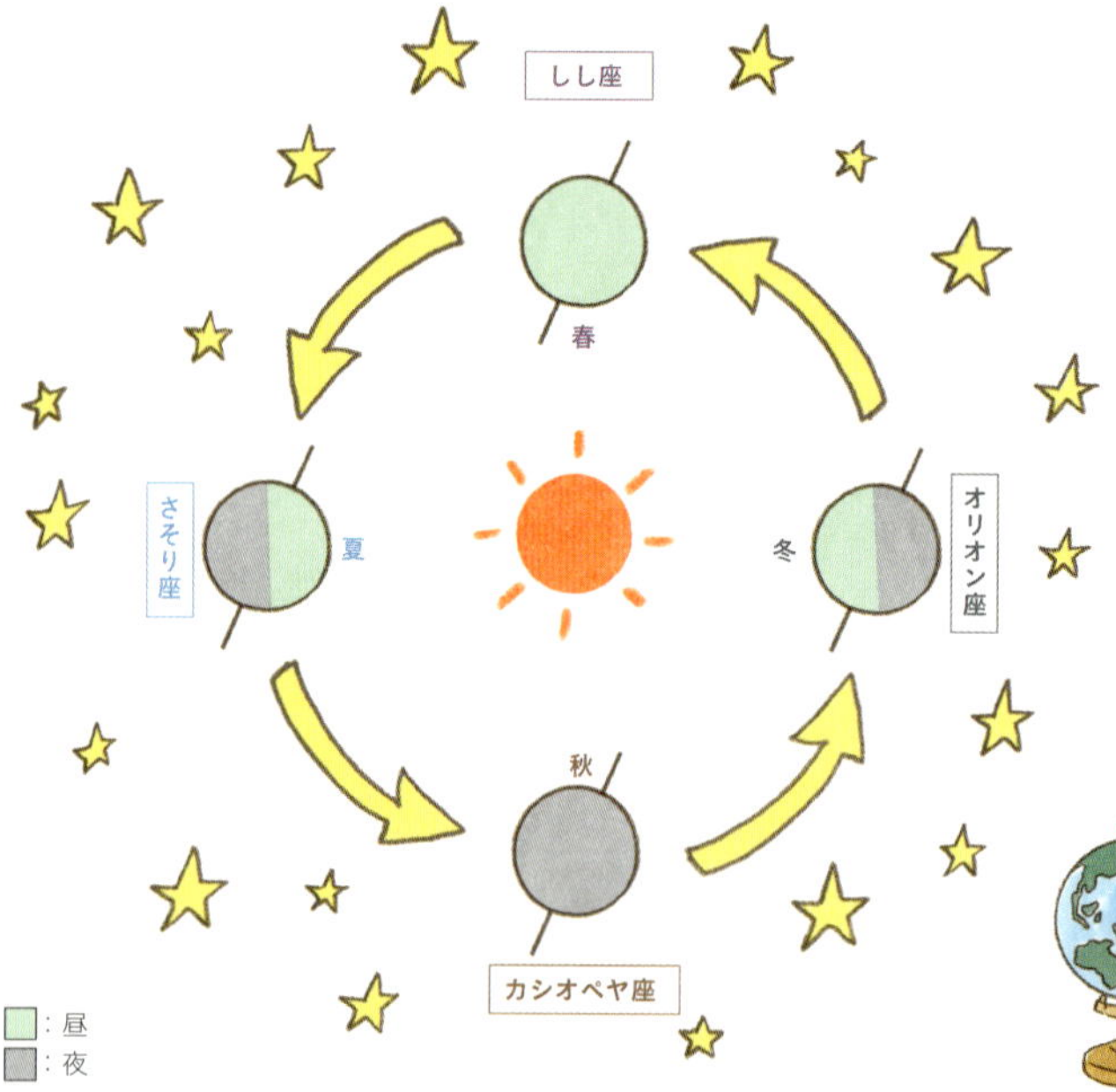

地球は大きなメリーゴーランド。少し傾いたまま、1年かけて太陽の周りを回っています。地球から見ると、季節によって太陽の沈む角度や位置が変わり、見える星座も変わります。

地球儀の軸をずっと伸ばした先にある星が北極星。だから北極星は動かないのです。

人と星・星座のかかわり

時計やカレンダーがなかった時代、太陽や月、星は大切な目印でした。星は時刻や季節を知るために使われ、現在の暦へと繋がりました。

エジプトでは、シリウス（おおいぬ座の1等星）が昇る頃、ナイル川が氾濫しました。シリウスに先がけて昇る星は、そろそろシリウスが昇る季節だよと教えてくれました。秋には「みずがめ座」など水にちなんだ星座がたくさんありますが、これは星座が誕生した古代メソポタミア地方で雨期が訪れるとき、太陽がこの星座の間を通ったからです。星座はまず北半球で作られましたが、大航海時代に南半球の星座も作られていきました。

昔の人は、太陽の通り道にある星座や月、ときおり現れる彗星などが国家や王様の運命を予言すると考えました。そのため天体の動きを観測する天文学者はときに占星術師のような役割を担っていたようです。

星座は時代とともに増えたり、国によって違ったり、星座のない場所があったりして不便だということで、１９３０年に夜空を88の区画に分けました。こうして、すべての星は必ずどこかの星座に属することになりました。つまり星座は昔の人が描いた絵であり、さらに世界共通の区画、夜空の地図ともなりました。

星占いはロマンがあって今でも人気。自分が何座生まれなのかは、ほとんどの人が知っているのではないでしょうか。

星座の名前（88星座）

黄道12星座（45ページ参照）以外に、こんなにたくさん星座があります。全部で88個。地球は丸いので、緯度により見える星座が変わります（北極星の高さはその土地の緯度と同じ）。日本から見える星座は50個以上あります。

星座名 よく見える時期	姿・かたちや特徴	1等星以上の明るい星 ( )内は明るい順
かみのけ 春	ふんわりと暗い星の集まりですが、見つけやすい星座です	
カメレオン 南天の星座	天の南極に近く、日本からは見られない星座です	
からす 春	春の大曲線を延ばした先にある4つの星が目印です	
かんむり 春	神話の中で、酒の神ディオニュクスがアリアドネ姫に贈った冠です	
きょしちょう 南天の星座	鳥の星座。日本からも一部見ることができます	
ぎょしゃ 冬	1等星カペラが目立ちます。五角形の星の並びが目印です	カペラ（6位）
きりん 冬	北極星とペルセウス座の間にあり、南北に長い星座です	
くじゃく 南天の星座	16世紀航海記録が原点といわれます。日本からも一部が見えます	
くじら 秋	神話に登場する怪物くじら。2等星デネブカイトスが目印です	
ケフェウス 秋	エチオピア物語の国王。北極星とカシオペア座の間です	
ケンタウルス 南天の星座	半人半馬ケンタウロス族。α星は太陽にもっとも近い恒星	リゲル・ケンタウリ(5位)、アゲナ(11位)
けんびきょう 秋	やぎ座の下、地平線ぎりぎりに見えます	
こいぬ 冬	1等星のプロキオンは、冬の大三角を形作る星の一つです	プロキオン（8位）
こうま 秋	全天で2番目に小さな星座です	
こぎつね 夏	夏の大三角の真ん中にあります	
こぐま 春	小熊の尻尾の先が北極星です	
こじし 春	しし座とおおぐま座の間。4等星以下の暗い星でできた星座です	
コップ 春	うみへび座の背中で、からす座の前にある杯です	
こと 夏	1等星のベガは七夕の織姫星です	ベガ（4位）
コンパス 南天の星座	コンパスの近くには、定規の星座もあります	
さいだん 南天の星座	祭壇。さそり座の南に位置します	

星座名 よく見える時期	姿・かたちや特徴	1等星以上の明るい星 ( )内は明るい順
アンドロメダ 秋	星座絵の腰辺りに、有名なアンドロメダ銀河があります	
いっかくじゅう 冬	見ると幸せになれるといわれる伝説上の生き物です	
いて 夏	半身半馬のケイローン。神話の英雄に武術や学問を教えました	
いるか 夏	夏の大三角の東で、案外見つけやすい星座。物語では人を救います	
インディアン 南天の星座	小マゼラン星雲の上。ネイティブ・アメリカンの星座です	
うお 秋	魚に変身した親子の神様。離れないようリボンで結んでいます	
うさぎ 冬	オリオンの足下にある星座です	
うしかい 春	1等星アルクトゥールスが目立ちます	アルクトゥールス（3位）
うみへび 春	全天でもっとも大きな星座。勇者ヘルクレスに倒されました	
エリダヌス 冬	エリダヌスという川が星座となりました	アケルナル（10位）
おうし 冬	大神ゼウスの化身。有名な「すばる」があります	アルデバラン（14位）
おおいぬ 冬	星座を作る中でもっとも明るいシリウスは、大犬の鼻先に輝きます	シリウス（1位）
おおかみ 南天の星座	3等星が7つの暗い星座です	
おおぐま 春	北斗七星は大熊の背中から尻尾にあたります	
おとめ 春	農業の女神と正義の女神、2つの性格を併せ持っています	スピカ（16位）
おひつじ 秋	黄金の毛皮を持つ羊の姿です	
オリオン 冬	1等星を2つ持つ、冬を代表する星座です	リゲル（7位）、ベテルギウス（9位）
がか 南天の星座	1等星カノープスの近くにある画架。彫刻具も星座になっています	
カシオペヤ 秋	Wに並んだ5つの星が特徴です	
かじき 南天の星座	魚の星座。ここに大マゼラン星雲があります	
かに 春	明るい星はなく、条件のよい空ではプレセペ星団が目立ちます	

星座名	よく見える時期	姿・かたちや特徴	1等星以上の明るい星（　）内は明るい順
ヘルクレス	夏	勇者ヘルクレス。12の危険な冒険をしました	
ペルセウス	秋	ペルセウス座流星群は、この星座にちなんでいます	
ほ	南天の星座	アルゴ船の帆の部分を表わした星座です	
ぼうえんきょう	南天の星座	パリ天文台の望遠鏡がモデルといわれます	
ほうおう	南天の星座	不死鳥がモチーフの鳳凰が星座となりました	
ポンプ	春	化学実験の道具、真空ポンプが星座の由来です	
みずがめ	秋	青年の持つ水瓶の辺り、4つの星が三ツ矢に並んでいるのが特徴	
みずへび	南天の星座	小マゼラン雲のすぐ近くにある星座です	
みなみじゅうじ	南天の星座	全天で一番小さい星座。天の南極を見つける目印です	アクルックス（13位）、ベクルックス（20位）
みなみのうお	秋	秋の星座の中で唯一の1等星フォーマルハウトを持つ星座	フォーマルハウト（18位）
みなみのかんむり	夏	北の宝石でできた冠に対して、草花でできたリースの冠です	
みなみのさんかく	南天の星座	ケンタウルス座の近くにあり、見つけやすい三角です	
や	夏	夏の大三角の辺り、みなみじゅうじ座、こうま座の次に小さな星座	
やぎ	秋	上半身が山羊で下半身が魚の姿。牧神パーンが星座となりました	
やまねこ	春	おおぐま座とふたご座の間、山ネコのように鋭い目で探しましょう	
らしんばん	冬	羅針盤。今はないアルゴ座の一部。おおいぬ座の南東にある星座	
りゅう	夏	北極星を囲むように描かれます。北の柱で居眠りする竜です	
りゅうこつ	南天の星座	1等星カノープスを見ると長生きできるそうです	カノープス（2位）
りょうけん	春	うしかい座につながるように描かれた2匹の猟犬です	
レチクル	南天の星座	星の位置を測定するため望遠鏡に貼った十字の照準器です	
ろ	冬	フラスコを加熱するための炉を表わしています	
ろくぶんぎ	春	天体の位置を測る六分儀が星座となっています	
わし	夏	1等星アルタイルは、七夕の彦星です	アルタイル（12位）

星座名	よく見える時期	姿・かたちや特徴	1等星以上の明るい星（　）内は明るい順
さそり	夏	1等星アンタレスを中心に、釣り針のような星並びが特徴です	アンタレス（15位）
さんかく	秋	アンドロメダ座の近くにある小さな三角は見つけやすいでしょう	
しし	春	1等星レグルスからの星並びは、西洋の草刈り鎌に見立てられます	レグルス（21位）
じょうぎ	南天の星座	直角定規とまっすぐな定規を2つ描いた星座です	
たて	夏	神話ではなく、史実に基づく盾が星座になったといわれます	
ちょうこくぐ	南天の星座	彫刻刀など、彫刻具一式が描かれた星座です	
ちょうこくしつ	秋	彫刻室。ラカイユが喜望峰に行って作った新設星座の一つ	
つる	秋	フォーマルハウトの下。低いので見つけづらい星座です	
テーブルさん（山）	南天の星座	大マゼランの下、南アフリカのテーブル山がモデルです	
てんびん	夏	ギリシャ神話では正義を計る天秤といわれています	
とかげ	秋	ペガスス座の前足の先にあるギザギザとした星並びです	
とけい	南天の星座	振り子時計が星座となっています	
とびうお	南天の星座	大航海時代、航海士が見た飛び魚を星座にしたともいわれます	
とも	冬	南天にあったアルゴ座が4分割されたうちの一部です	
はえ	南天の星座	カメレオン座が近くで、餌となるハエをねらっているように見えます	
はくちょう	夏	1等星デネブは、夏の大三角を形作る星の一つです	デネブ（19位）
はちぶんぎ	南天の星座	天体観測に用いられた八分儀。天の南極付近の星座です	
はと	冬	オリオン座の下の方、アルゴ船から飛び立った鳩を表わしています	
ふうちょう	南天の星座	風鳥。日本から見られない星座の一つです	
ふたご	冬	双子の兄弟カストルとポルックスが寄り添っています	ポルックス（17位）
ペガスス	秋	翼の生えた空想上の天馬です	
へび	夏	へびつかい座が手にするへび。頭部と尾部に分かれています	
へびつかい	夏	いて座ケイローンに医学を学んだ名医です	

12星座とは

私は11月生まれのいて座です。でも自分の誕生日には、いて座は見えません。曇っているからではなくて、本当に夜空にないのです。その頃、いて座の辺りには太陽があります。自分の星座を空で見つけたい人は、誕生日より3～4ヶ月くらい前の夜空で探してみてください。いて座は夏の夜空で見られます。

地球から見ると、太陽は1年かけて空の中を動いてゆくように見えます（本当は地球が太陽の周りを回っています）。この地球から見た太陽の通り道を「黄道《こうどう》」といいます。２０００年ほど前、黄道にある星座は12に分けられました。星座は全部で88ありますが、太陽には特別な力があり、生まれた日に太陽の方向にある星座がその人に影響を及ぼすと考えられたため、黄道にある星座は特に大切な星座とされたのです。黄道にある星座は一列に並んでいます。ひとつ見つかると、隣にも必ず誕生日の星座があります。

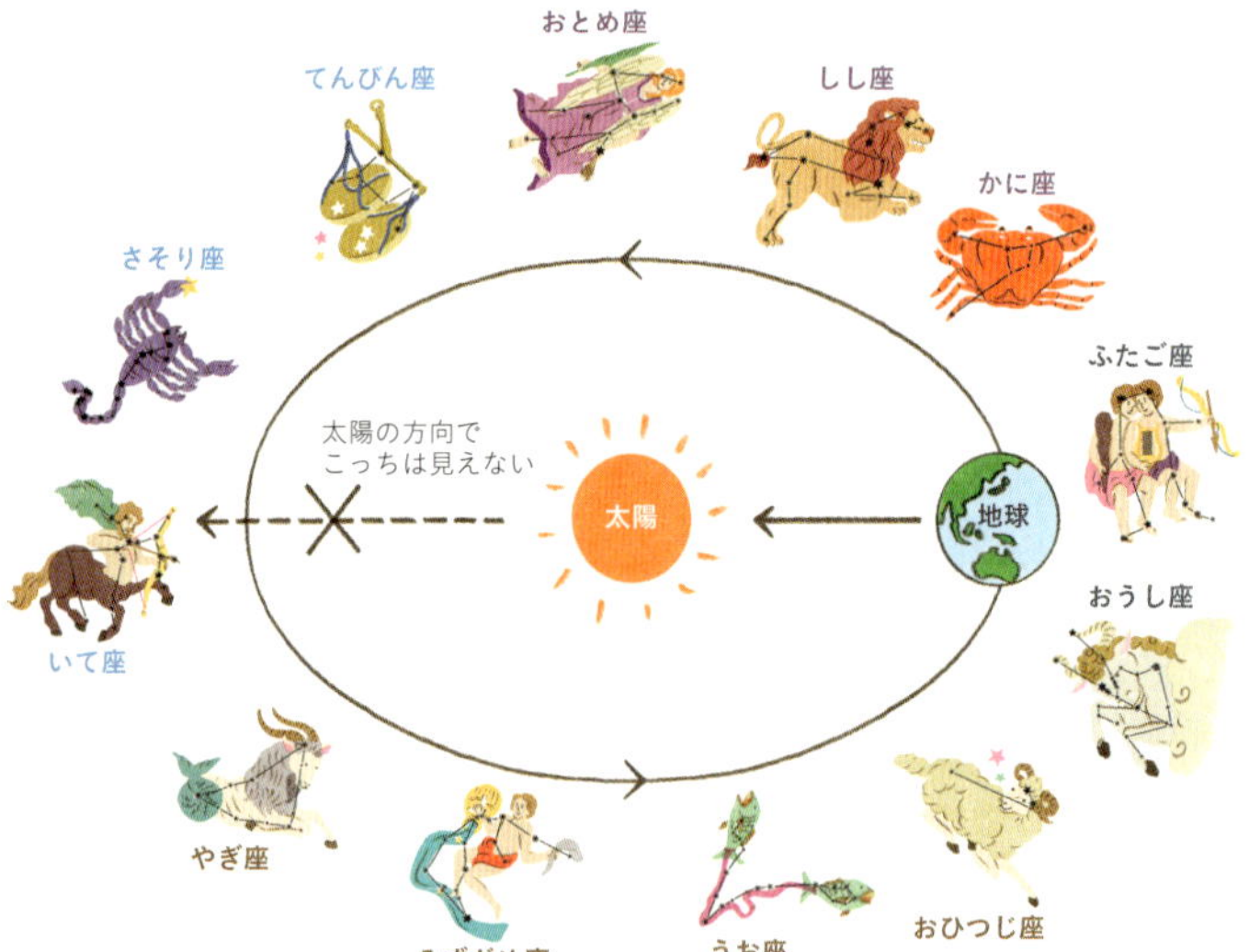

※黄道12星座と黄道12宮
☆黄道12星座…黄道にある星座のことで、大きさもいろいろ。
イラスト中にはないが、へびつかい座も黄道にある。
☆黄道12宮…春分点のあるおひつじ座から、12等分した領域のこと。

12星座のおはなし

自分の星座について知りたい、という人は多いと思うので、コーナーを作りました。
見つけ方については季節の星座案内（60〜99ページ）で。

おひつじ座　3/21〜4/19

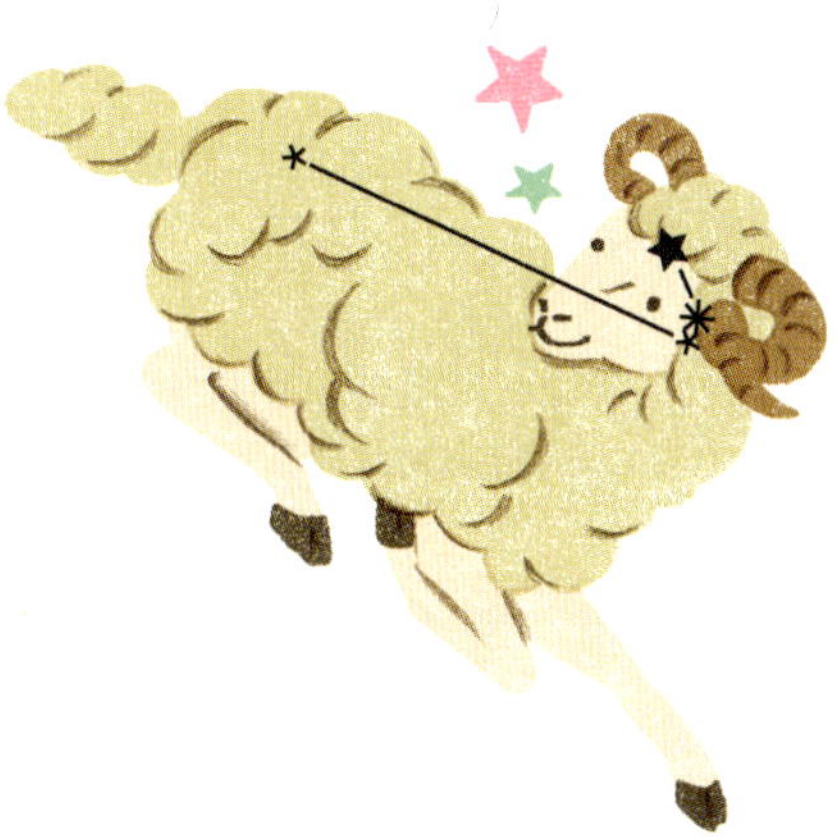

星座の絵は振り返ったような愛らしい姿。この羊をめぐって、勇者たちが大冒険を繰り広げました。

神話によると、金色に輝く毛をなびかせて空を飛ぶすごい羊です。星座にもなっているアルゴ船（大きいので現在は4分割され、各パーツが星座になっている）の物語に登場します。アルゴ船はギリシャ神話の中でも特に古く、ホメロスの叙事詩「オデュッセイア」にもある壮大な冒険物語。冒険の発端となったのが、この美しい羊でした。ある国の王様に渡った金の毛皮を、アルゴ船に乗った勇者たちが取りにゆく物語です。

2000年ほど前、春分の日の太陽はここにあり、大切な星座でした。

おうし座　4/20〜5/20

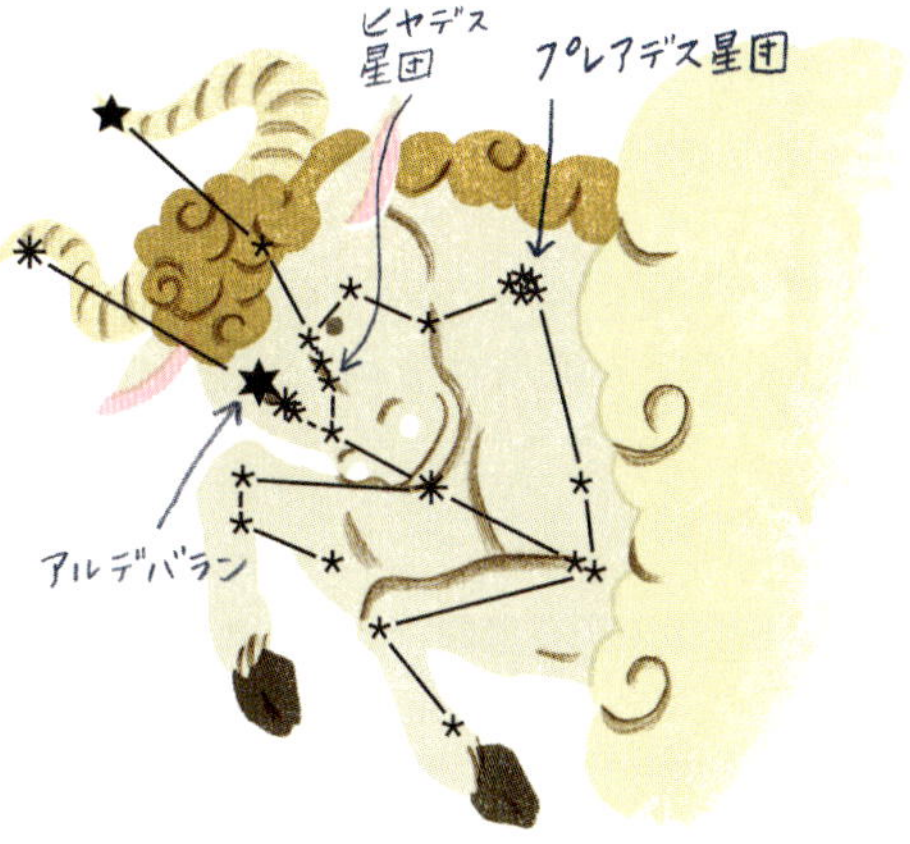

1等星アルデバランは右目、ヒヤデス星団は顔、プレアデス星団は肩の辺りにあります。

雪のように真っ白な牛。美しい王女エウロペを背中に乗せて海を渡っている大神ゼウスが変身した姿です。後ろ半分は海に浸っているため、描かれていません。

おうし座には明るい1等星アルデバランがオレンジ色に輝きます。また、星団と呼ばれる星の集まりが2つあります。「ヒヤデス星団」と「プレアデス星団」です。どちらも暗い空なら目で見えます。プレアデス星団は日本ではすばる（「統ばる」。集めるという意味の日本語）と呼ばれて親しまれてきました。

仲むつまじくて幸せな気持ちになります。やさしい雰囲気の2人ですが、実はとてもたくましいのです。

ふたご座	5/21〜6/21

兄弟の名前がそれぞれ星の名前になっています。

ギリシャ神話によると、2人はスパルタ王妃レダの産んだ卵から誕生しました。ふたご座の物語で特に有名なのは、アルゴ船遠征隊に加わって黄金の羊の毛皮を取り戻しに行った物語です。海上で嵐にあったとき、神に祈って音楽の名手オルフェウスが琴を弾くと嵐が去り、兄弟の頭にそれぞれ星が輝きました。この神話からローマ時代には、航海の守り神として船首に2人の像を飾っていたそうです。

物語でも星空でも自己主張をしない星座ですが、お化け仲間思いのカニです。プレセペ星団は甲羅の辺り。

かに座	6/22〜7/22

物語では、怪物ヒドラがヘルクレスに退治されるときに、ヒドラを助けようと沼から出てきた大きなお化けガニです。あっという間にヘルクレスに踏まれてしまいましたが、勇気をたたえて神が夜空に上げました。インドでは、お釈迦様が生まれたとき月がここにあったため、おめでたい星座となっているそうです。

かに座には「プレセペ星団」があって、ぼんやりした淡い光のかたまりに見えます。カニがぷくぷく泡を吹いているよう。英語ではビーハイブ（蜜蜂の巣）と呼ばれています。夜空の暗いところでぜひ見てみてください。

しし座　7/23〜8/22

ギリシャ神話に登場する、ネメアの谷に住むお化けライオンです。矢もはね返す固い毛皮におおわれた、たくましいライオンでしたが、ついに勇者ヘルクレスに倒され、星座になりました（ヘルクレス座がまとっている毛皮は、このライオンを討ち取ったときのものです）。昔は世界に広くライオンが棲息しており、神聖な動物として各地の遺跡にも残されています。

ライオンの胸には、レグルス「小さな王様」という意味の1等星が輝いています。バビロニア時代には王様の運命を左右する星のひとつと考えられていました。

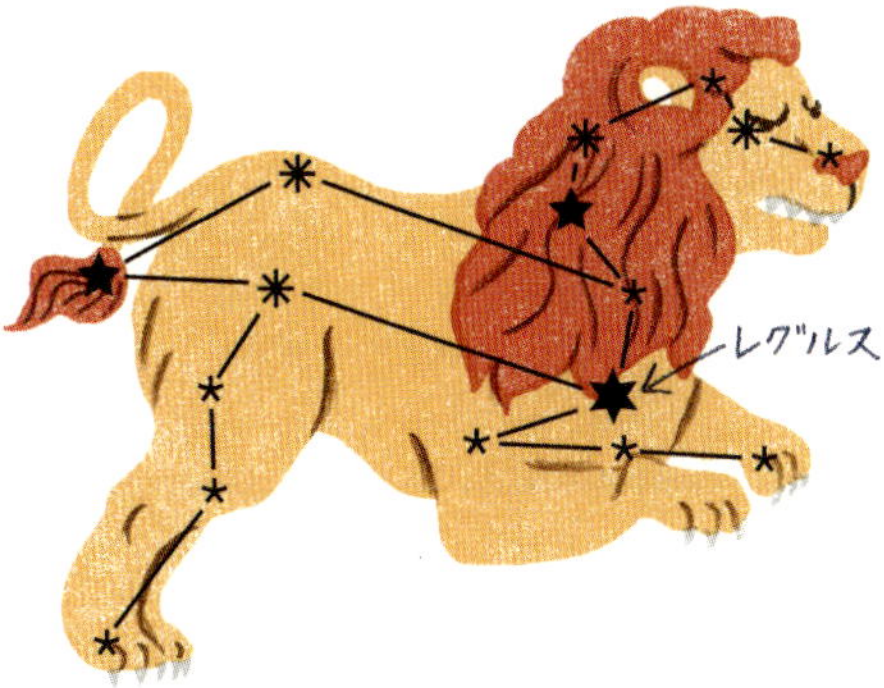

ライオンの頭にあたる丸い星の並びを、西洋では「草刈り鎌」と生活の道具に見立てて呼んでいます。

おとめ座　8/23〜9/22

全天で2番目に大きな星座。農業の女神ディーメテールの象徴として麦の穂を左手に持ち、そこに1等星のスピカ（とがったものの意）が輝きます。麦の穂先（のぎ）からスピカと名付けられました。裏にとげのあるスパイクシューズのスパイクと同じ語源です。日本では白い輝きから真珠星《しんじゅぼし》と呼ばれています。

おとめ座は2人の女神の性格を併せ持つ星座です。右手に羽根ペンを持ち、大神ゼウスの娘で正義の女神アストレイアを表します。この羽根ペンは自分の翼を抜いたもので、人の生前の行いを記しています。

美しいおとめ座は強く凛とした正義の女神。夜空から私たちをいつも見守っています。

アストレイアは片方のお皿に羽根、もう片方に人の魂を乗せて善悪を測ります。

てんびん座　9/23〜10/23

おとめ座として描かれているアストレイアの持っている天秤で、人の魂の正邪をはかるために使われると伝えられています。弁護士バッジに天秤が描かれていますが、これも正義や公正を示します。

昔（金の時代）は神々も人間と一緒に暮らしていました。銀の時代には四季が生まれ、人間は畑を作り、強い者が弱い者を虐げるようになりました。そして神は次々と天上へ帰っていきました。銅の時代には、戦争が始まりました。最後まで人間を信じて残っていたアストレイアも天秤を持ってついに天へ帰ったとのことです。

日本では滅多に見ない動物ですが、なぜか小さな子供でも知っていることが多い人気の星座です。

さそり座　10/24〜11/21

古代バビロニアからある古い星座です。星の並びに特徴があるので、各国で注目されてきました。ギリシャ神話では、さそりはオリオンを刺し殺したといわれます。そのためオリオンはさそりを恐れて、さそりが沈むのを待ってから昇ってきます。

さそりの胸に赤く輝く1等星は、アンタレス。火星に対する者という意味です。黄道は、太陽と月のほかに惑星も通ります。赤い火星がアンタレスの近くを通るとき、色を見比べてみてください。

いて座　11/22～12/21

正義感が強くて賢いケイローン。ギリシャ神話の英雄たちを何人も教育しました。

いて座として描かれているのは半人半馬のケンタウルス族、ケイローンの姿。音楽の神アポロンと月と狩りの女神アルテミスから、音楽や医学、狩りなどの知恵を授かりました。ケイローンからそれらの知識を受け継いだ者も多いと神話では語られています。

さそり座のうしろで弓をかまえ、さそりが暴れないように見張っているような姿です。6つの星が作る小さなスプーンの並びを南斗六星といいます（77ページ参照）。中国では北斗とともに南斗は生まれた子の寿命を決める仙人だと考えられています。

やぎ座　12/22～1/19

得意の葦笛《あしぶえ》で神様たちを和ませる陽気なパーン。いつも森や谷を駆け回っていました。

バビロニアの彫刻にもある古い星座のひとつです。

星座の絵で見ると、上半身はちゃんとやぎなのに、魚のしっぽがついた不思議な姿をしています。雨期の到来を知らせる水にちなんだ星座であることを、魚の尾で示しています。

怪物テュフォンが現れたとき、魚に変身して逃げようと川に飛び込んだけれど、変身に失敗したあわてんぼうの神様パーンの姿。パーンは木陰での昼寝が好きだったので、妨げられると困惑しました。ここからパニックという言葉が生まれたと伝えられています。

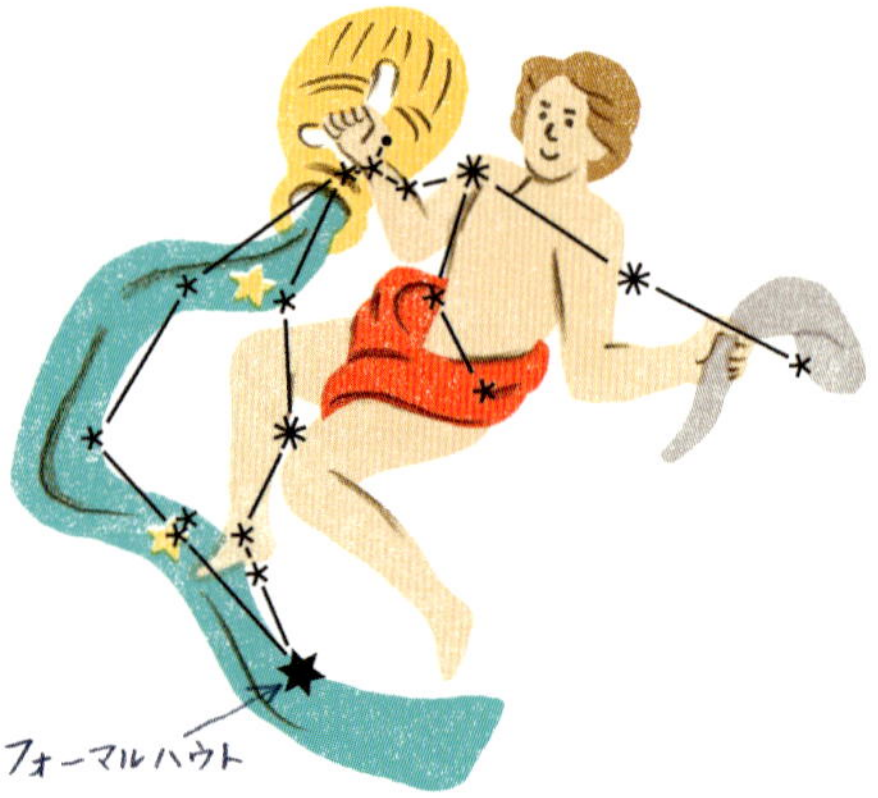

ガニメデ少年が青年になった姿。流れる水の先の方には、みなみのうお座の1等星フォーマルハウトが輝きます。

みずがめ座　1/20〜2/18

瓶からこぼれているのは神々の飲み物、ネクトルという特別な水です。瓶を持つ青年は、わし座の星座絵でよく描かれているガニメデ少年の成長した姿で、神の国で大人になり、独立した星座として描かれたという説もあります。

古代エジプトでは、みずがめ座の沈むときとナイル川の増水が重なっていたため、瓶から水がこぼれてナイル川の増水が起こると考えられました。古代バビロニアでは、ガニメデ青年の左肩にある星は、冬が終わり恵みの雨が降る時期に昇ることから「大吉の星」と仰がれたそうです。

2匹の魚がリボンで結ばれて夜空に浮かんでいます。よく絵画のモチーフになるのは、もちろん変身前の姿です。

うお座　2/19〜3/20

美の女神ヴィーナスとその息子で愛の神キューピッドが、離ればなれにならないように、リボンでお互いをきゅっと結んだ姿。美の女神と愛の神がセットで描かれたロマンティックな星座です。中国では「双魚宮（そうぎょきゅう）」と呼び、やはり2匹の魚と見ています。やぎ座と同じく、怪物テュフォンから逃れるために変身して逃げるところが描かれています。息子キューピッドの持つ矢は、や座として夏の星座となっています。

いまは、春分点がこのうお座にあります。春分の日を境に、夜より昼間の時間の方が長くなります。

Column 2

プラネタリウムへ行こう

　今夜見える星について知りたい。遠出する時間はないけれど満天の星が見たい。そんなときにはプラネタリウムの登場です。どのプラネタリウムへ行こうかと迷うくらい、日本にはたくさんあります。それぞれ雰囲気が違うので、いろいろ行ってお気に入りの館を見つけてみましょう。最新の話題を迫力ある映像で見せる館もあれば、星の話を生で解説するところもあります。また、解説員もそれぞれ個性的なので、そこも楽しんでみてください。

　プラネタリウムでずっと上を見ていたら首が痛くなる？　と心配されますが、座席が倒れるから大丈夫です。全体が見渡せるのは真ん中から後ろ、でも前の方で集中して楽しみたいという人も。いろいろ座ってお気に入りの席を見つけてください。なお、席で飲んだり食べたりはできないので注意してくださいね。お腹がすいているときには、軽く食べてから行きましょう。

　星座の見つけ方や、その日に見える明るい星についての話を聞いたら、ぜひ夜空の星を見上げてもらいたいなと思います。星座は、プラネタリウムの何倍も大きく広がっています。

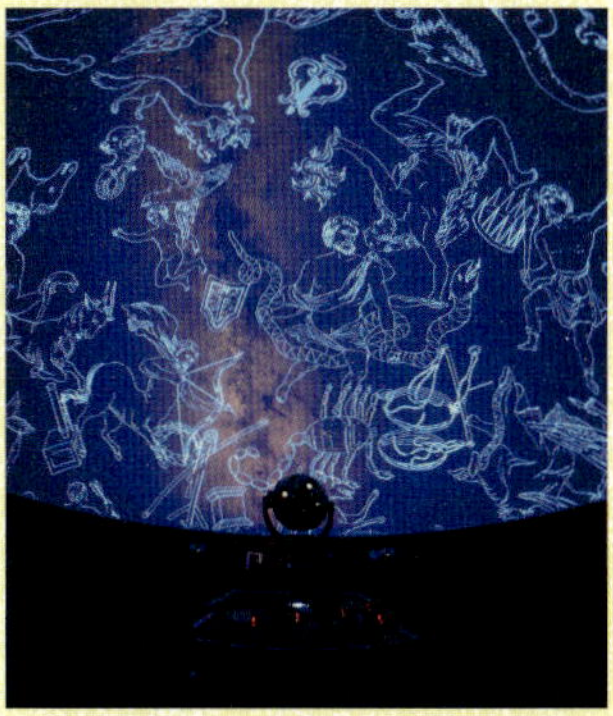

最新のプラネタリウムは、ボディがコンパクト。（画像は世田谷区立教育センタープラネタリウム）

3

星の見つけ方

昔の人の作った星座は形を変えながら受け継がれてきました。この星空を何千年も前の人も見ていたのだなぁと思って星空を見ると、ふと星座ができた頃の人の心に触れたような不思議な気持ちになります。

星を見つけるその前に

①街灯のない場所を探す

星の光はとてもはかないもの。人工の灯りがあるとよく見えません。星を見るなら、なるべく街灯のない場所へ行きましょう。街灯がなく空気のきれいなところでは、見える星が格段に増えます。山や海など、視界が開けた場所へ出かけたときには、ぜひ昼のレジャーだけでなく、夜の星空も楽しんでください。

夜は足元が見えないほど真っ暗なこともあるので、必ずライト持参で。行きと帰りはなるべく明るい光がほしいですが、星を見ている間は赤いライトを使いましょう。赤い光は暗闇に慣れた目に優しいのです。また、星見の場所は昼の間に必ず下見しておきましょう。

②時間と星空の関係を知っておく

星は太陽が沈んでから見えてきます。太陽は夏は遅い時刻に、冬は早い時刻に沈みます（逆に日の出は夏は早く、冬は遅くなります）。季節によって太陽の沈む時刻は変わるので、星を見に行く前に、何時頃暗くなるのか知っておくと予定が立てやすいです。なお、地域によって日の入りの時刻は違うので、新聞の1面ではなく、地方欄の天気予報欄を見ると、その地域の情報が載っています。インターネットでも調べられます（見える星座と時刻については、58〜99ページを参考にしてください）。

時間があれば、ぜひ日の入りから楽しんでくださいね。

③晴れて月のない日を選ぶ

星を見に行くと予定した日は天気予報が気になります。曇りや雨だと、雲に隠れて星が見えないからです。

また、せっかく星を見るなら月明かりのない日を選ぶといいでしょう。少し難しく感じるかもしれませんが、新聞にも載っている月齢は参考になるので、ちょっとご紹介。月齢0が新月、2が三日月、7が半月の頃、15が満月の頃、22は再び半月の頃、27辺りは明け方の細い月。月齢0に近い数字のときには早く沈みます。

新月は月明かりがありません。

月齢7の頃は夜中に沈むので、軽く仮眠をとって朝まで見たい人向き。22の頃は遅く昇ってくるので、早い時間に見て夜中過ぎに休みたい人向き。満月はひと晩中沈まず、明るく見えます。

④方位の確かめ方

明るいうちに目立つ建物や景色から方位を確かめておくと便利です。方位磁針を使うと早いですが、いつも持ち歩いている人はなかなかいないですよね。太陽が沈んでしばらくの間は、太陽が沈んだ辺りの空がうっすら明るく見えるので、そちらが西とわかります。

夜は晴れて星が出ていたら、北極星を探しましょう。北極星は必ず北にあって動かない星です。コツをつかむと街中でも見つけられるので、季節の星座のページを参考に探してみてください。

スマートフォンのアプリにも方位磁針があるので、デジタル派の人は活用してみてはいかがでしょう。北極星かなと思う星が見つかったら、本当にそちらが北か確かめてみてもいいですね。

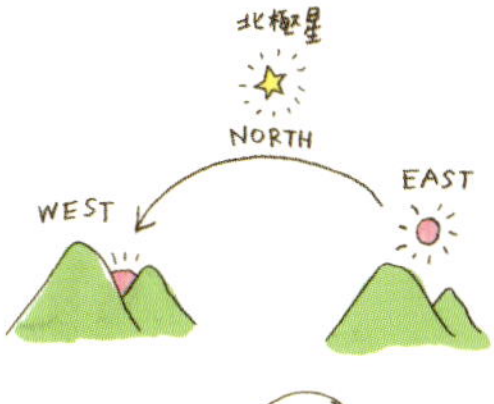

用意するもの

**星見に出かけるときに、あると楽しい
グッズを集めてみました。帰るときには、
忘れものがないか確かめ、ゴミは持ち帰りましょう。**

星座を探すならぜひ

懐中電灯

赤い光は暗闇に慣れた目にも優しいです。本や手元を見るときは赤いセロファンやバンダナを巻いたライトを。白色と赤色が切り替えできるものも便利。

この本

季節ごとのページを見ながら、星座を探してみましょう。実際の星座はとても大きいので、空全体を見渡すようにして探してください。

あったら便利

方位磁針

あると何かと安心です。星座を探すときにも便利。慣れるまでは、先に方位を確かめてから北極星を探してもいいかも。

双眼鏡

双眼鏡は人の目を大きくしたようなもの。望遠鏡より手軽で簡単に持ち運べます。街中でも双眼鏡を使うと見える星が増えますよ。

あったら便利＆うれしいもの

レジャーシート

直接地面に座りたいときに。リビングをそのまま自然に移したようで、なんとも贅沢な気分。持ちものを並べるときにも使えます。

背もたれつきイス

星空は頭の上に広がっているので、ゆっくり眺めたいときには寄りかかれる椅子があると便利。のんびりくつろいで星空を満喫できます。

ウレタンマット

レジャーシートの上に厚手のマットを敷くと、座っていても痛くならず暖かくて快適です。つい、ごろんと寝ころがってしまいます。

保温ポット

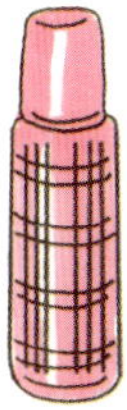

夜は温かな飲みものがあると心もほっこり。もちろん冷たくてもOK。軽くつまめる甘いものを用意しておくと、会話もはずみます。

ブランケット

夏でも冷え込むことがあるので、すっぽり体を包みこむブランケットがあると安心です。そのまま眠ってしまわないよう注意。

ミニランタン

暖色系のやわらかな光がおすすめ。曇りの日や落としもの探しにも活躍します。ランタンを囲んでの食事は一段とおいしく感じるから不思議。

どうやって見る？

**いいなと思うポーズがあったら形から入ってしまう
なんてどうでしょう。あれこれイメージしながら
楽しんでくださいね。**

体育座り

気に入った星見ポイントがあれば、座って見たくなります。見たい方角を向いて座りましょう。土手なら、足を投げ出して。目の前に川と星空が広がって気分爽快です。

立って見上げる

ふと見上げるときは、まずはこのポーズ。街灯を手で隠すと、星空が見やすくなります。ちょっと首が疲れたら、木に寄りかかって休憩です。

寝っ転がって

地面は夜露で湿っているので、敷物があるといいですね。底冷えしないように、厚手のシートや寝袋があったら敷きましょう。流れ星を見るときにもおすすめです。

椅子に座って

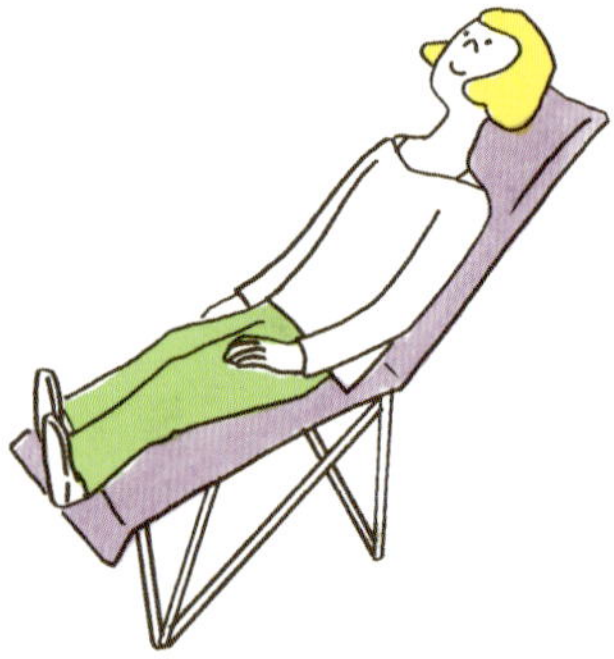

自宅の庭や、ドライブ先で見るときには、椅子を出して優雅にくつろいでしまいましょう。車に小さな椅子を積んでおくと便利です。ストールがあると枕にしたり膝かけにしたりもできます。

見るときの服装

季節によってコーディネートを考えるのは楽しいもの。
でも星を見に行くときには、ともかく防寒対策と
動きやすさを一番に考えて選びましょう。

春

まだ寒さの残る季節。油断せず、寒さ対策をしておきましょう。タイトなものより少しゆったりしたデザインの方が疲れにくいです。女性ならレギンスと長めのフレアスカートを組み合わせてみてもいいですね。

夏

夏でも夜は冷え込むことがあるので、パーカーなど上着を用意しましょう。足元は虫除けも考えて、暑くても短パンは避けたいです。虫除けスプレーがあると安心です。うちわや蚊取り線香も活躍しそう。

秋

昼は紅葉、夜はお月見と、しっとり楽しみたい季節。冬に向けて冷え込む夜が多くなるので注意です。敷物にもできるので、ざぶざぶ洗える大きめのストールを用意するのがおすすめです。

冬

冬はとにかく冷えます。重ね着してたくさん空気の層を作りましょう。特に「首」とつく場所はぬかりなく。足元は厚手の靴下にブーツなど暖かくして。カイロは多めに持って行きましょう。

星・星座の見つけ方

明るい星を見つける

さぁ星を見よう、と思っても、星空の下で「まずどうしたらいいの」と途方に暮れてしまう人も多いはず。そこでまず目につく明るい星から探しましょう。星にはいろいろな明るさがあります。特に明るい星を選んでください。

特徴のある並びを見つける

次に、その明るい星の周りの星を見て、特徴のある並びを探しましょう。ここで60ページからの星図と赤色のライトの登場です。1つめの星の周りで特徴のある星の並びがわからなかったら、次に見つけた明るい星の周りを探してみましょう。季節ごとの星座の見つけ方も参考にしてください。

星座を見つけるための時刻表

この時刻表を元に、各季節の星座（星図）を見て、星座の位置を確かめてください。毎日4分ずつ早く昇るので、そこから逆算してその前後の星座の位置を調べてみましょう。

1月5日	星図4-1,2	午後11時頃	15日	星図1-3,4	午後8時頃	9月5日	星図3-1,2	午前1時頃
15日	星図4-3,4	午後10時頃	20日	星図1-1,2	午後8時頃	15日	星図2-3,4	午後6時頃
20日	星図4-1,2	午後10時頃		星図2-1,2	午前2時頃	20日	星図3-1,2	午前0時頃
2月5日	星図1-1,2	午前3時頃	6月5日	星図2-1,2	午前1時頃	10月5日	星図3-1,2	午後11時頃
	星図4-1,2	午後9時頃	15日	星図1-3,4	午後6時頃	15日	星図3-3,4	午後10時頃
15日	星図4-3,4	午後8時頃	20日	星図2-1,2	午前0時頃	20日	星図3-1,2	午後10時頃
20日	星図1-1,2	午前2時頃	7月5日	星図2-1,2	午後11時頃	11月5日	星図3-1,2	午後9時頃
	星図4-1,2	午後8時頃	15日	星図2-3,4	午後10時頃		星図4-1,2	午前3時頃
3月5日	星図1-1,2	午前1時頃	20日	星図2-1,2	午後10時頃	15日	星図3-3,4	午後8時頃
15日	星図4-3,4	午後6時頃	8月5日	星図2-1,2	午後9時頃	20日	星図3-1,2	午後8時頃
20日	星図1-1,2	午前0時頃		星図3-1,2	午前3時頃		星図4-1,2	午前2時頃
4月5日	星図1-1,2	午後11時頃	15日	星図2-3,4	午後8時頃	12月5日	星図4-1,2	午前1時頃
15日	星図1-3,4	午後10時頃	20日	星図2-1,2	午後8時頃	15日	星図3-3,4	午後6時頃
20日	星図1-1,2	午後10時頃		星図3-1,2	午前2時頃	20日	星図4-1,2	午前0時頃
5月5日	星図1-1,2	午後9時頃						
	星図2-1,2	午前3時頃						

ここからのページの見方

「今日はどんな星座が見えているのかな」とか「お誕生日の星座を見てみたい」と思ったら、この先のページの出番です。

　各季節の最初に丸い星図が載っています。これは星座早見盤と同じ使い方をします。自分の向いている方角が東なら、東の文字を下に向けて、そのまま空にかざします。空はとても広いので、空全体を見渡すようにして、星図を見ながら星座を探してみてください。ここに載っていない明るい星はきっと惑星です。動いていたら飛行機か人工衛星ですよ。

　星図は、街灯りがないところで見た星空（暗い空）と、街中で見た星空（明るい空）が載っています。暗くて空気のきれいな場所で見上げる夜空には、たくさんの星が見えます。一方、街中では1〜3等星くらいの明るい星は見えますが、暗い星は見えません。自分の誕生星座が見えない！　ということもありますが、暗い空だと逆に星が多く見えすぎて、星座をたどることが難しいと感じるかもしれません。

　街中でも見えるのは、特に明るい星です。でも、見える星の数が少ないなぁとがっかりするのではなく、暗い空の星図を眺めながら、本当は空にはこんなにたくさんの星があるとイメージしてみませんか。

　その次のページにあるのは南の方角に見える星空です。左ページの写真では、目立つ星を見つけて線をつなげられるかチャレンジしてみてください。

　星は一日4分ずつ早く昇るため、季節によって見える星座が少しずつ変わってゆきます。でも空はつながっているので、秋の星座が南の空高く見える頃、夏の星座は西にまだ見えています。

　場所により、見える星の数は変わります。明るい駅周辺、一本脇道に入ったところ、そして出かけた先などで空を見比べてみてください。

　季節や時刻によっても、見える星座は変わります。今夜はどんな星座が見えるのでしょうか？

春の星座

[この星空が見える時刻]

2月5日午前3時頃、2月20日午前2時頃、3月5日午前1時頃、3月20日午前0時頃、4月5日午後11時頃、4月20日午後10時頃、5月5日午後9時頃、5月20日午後8時頃

暗い空

星図1-1

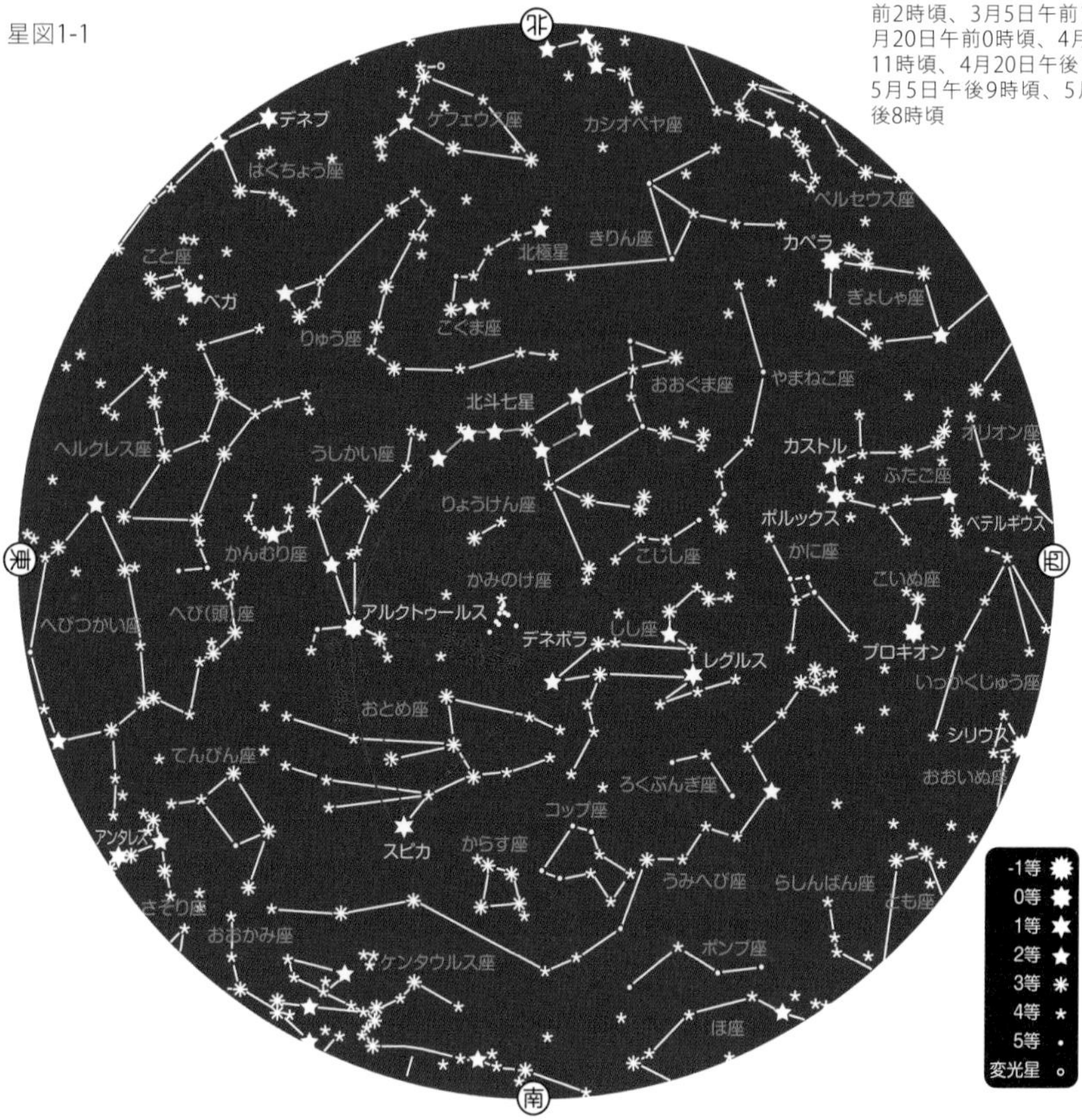

MEMO

北斗七星からたどりましょう。北斗七星は、北の空でひしゃく（斗）の形に並んだ7つの星です。夜空のひしゃくは、手で持つ柄のところがゆるくカーブしています。そのカーブに沿ってずっと延ばしてゆくと黄色っぽく輝く明るい1等星（アルクトゥールス）があります。さらに延ばすと白っぽい1等星（スピカ）が見つかります。この大きなラインを「春の大曲線」と呼んでいます。

※星座の説明をするときには、その星座の中で1等星以上の明るい星（0等星や-1等）をまとめて1等星と呼びます。

明るい空

星図1-2

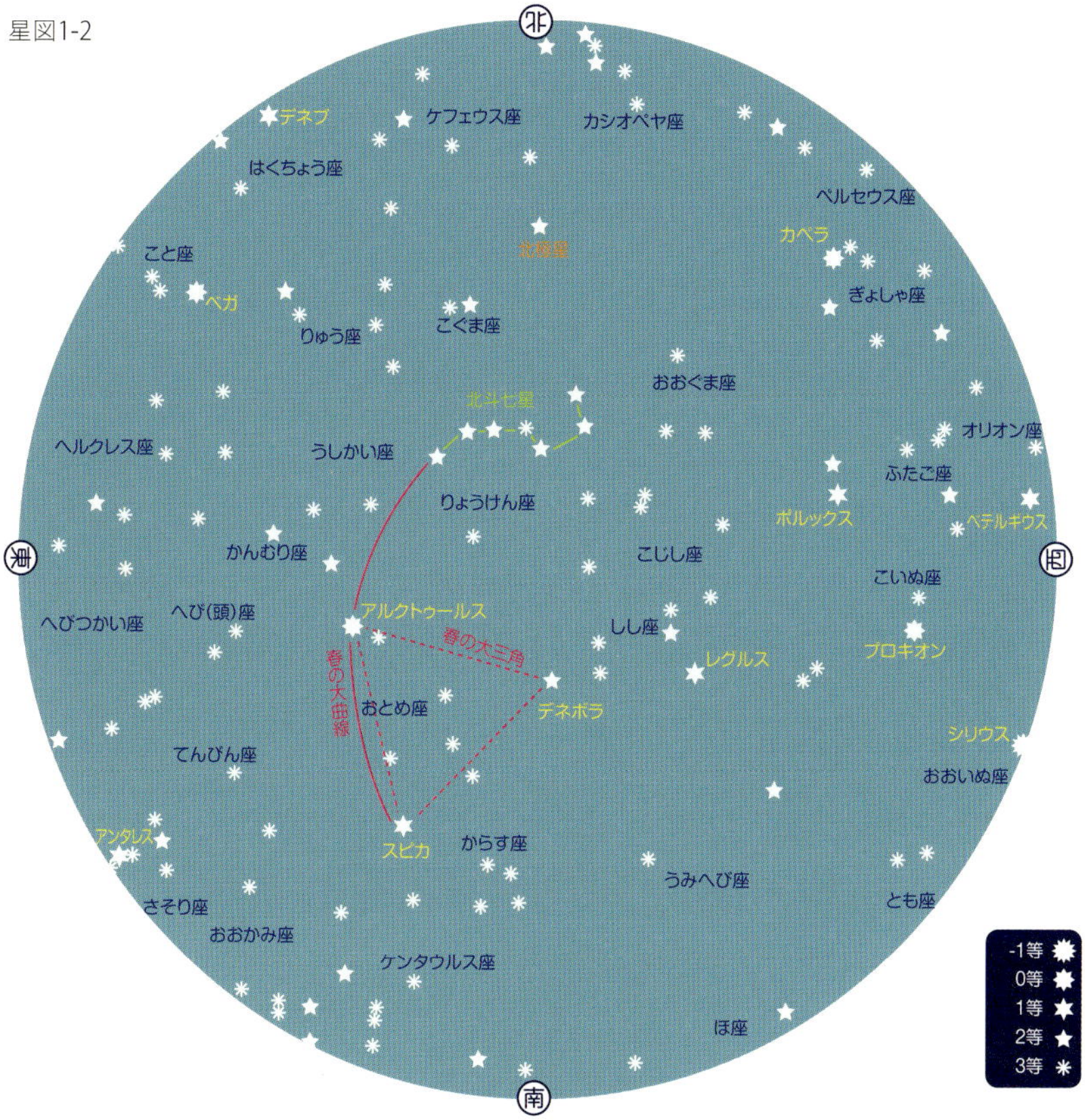

MEMO

春は全体的にぼんやり霞みがかかったように見えると表現されます。北斗七星のひしゃくから水がこぼれて、空全体を曇らせたかのよう。特に目立つ、うしかい座のアルクトゥールス、おとめ座のスピカ、しし座のデネボラと結んだ「春の大三角」を探してみましょう。その上にある北斗七星は、7つの星すべて見つけることが難しい場所もあるでしょう。空の明るさの目安にしてみてください。

春の星座

[この星空が見える時刻]

4月15日午後10時頃、5月15日午後8時頃、6月15日午後6時頃

南の空

暗い空

星図1-3

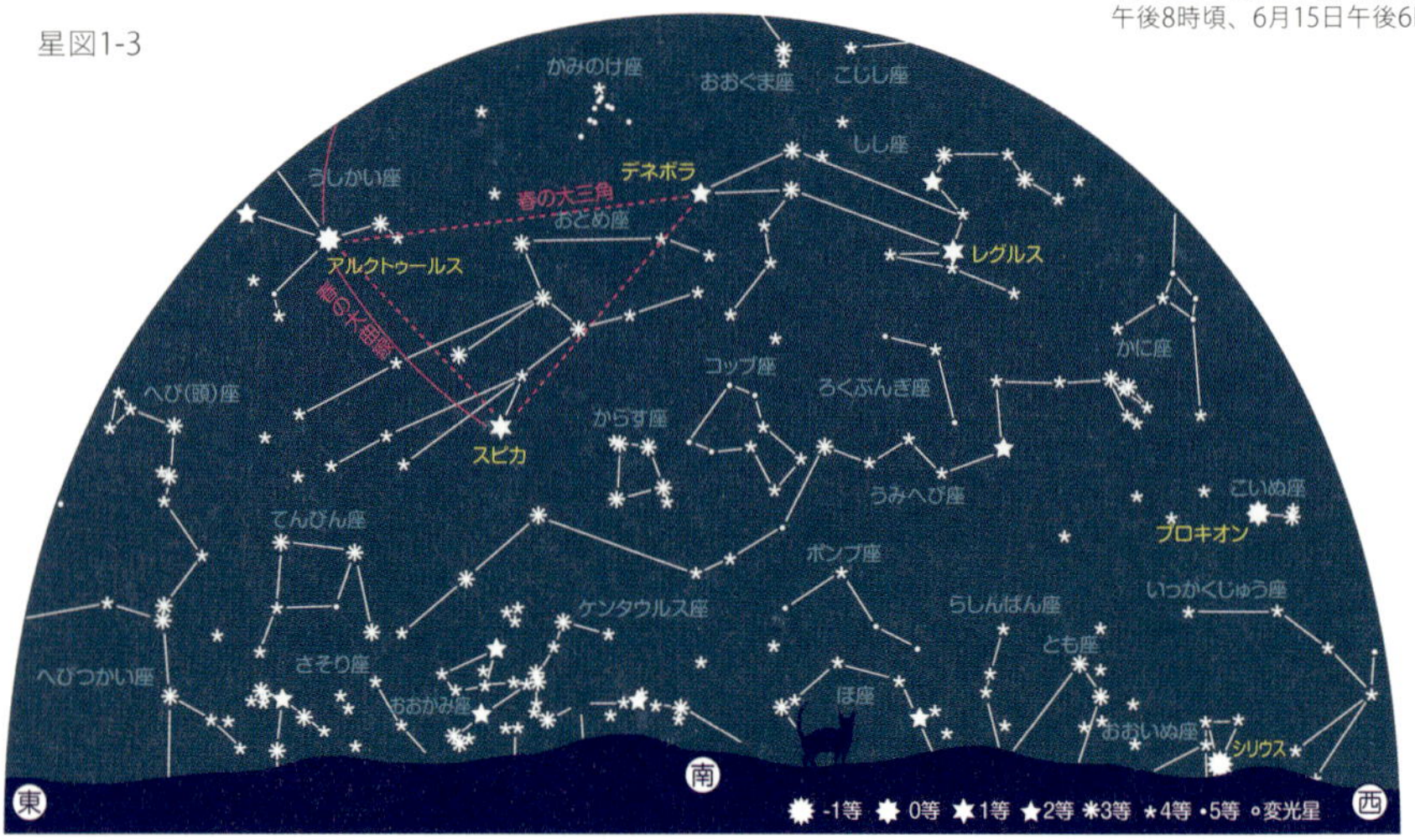

明るい空

星図1-4

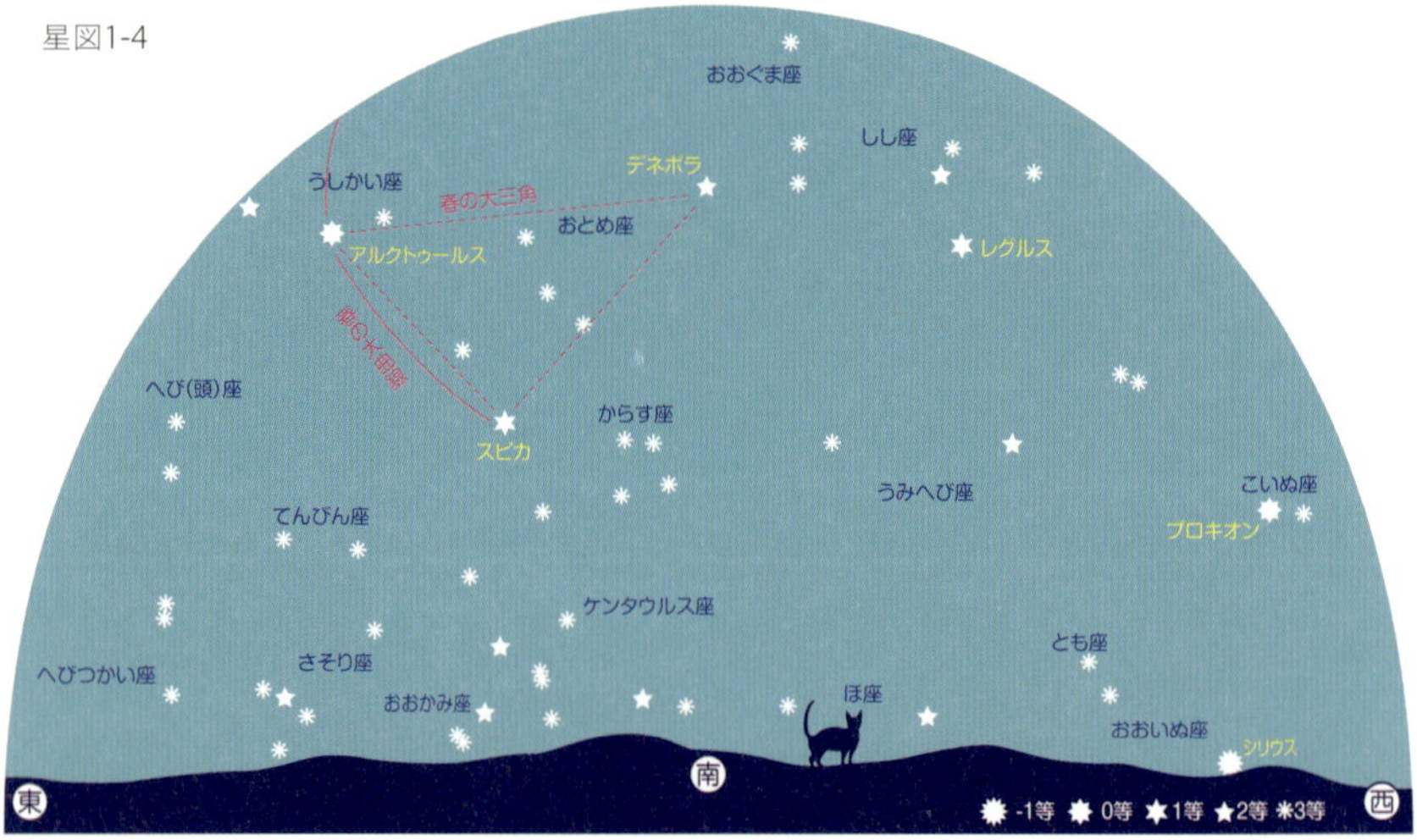

春の星をたどってみよう

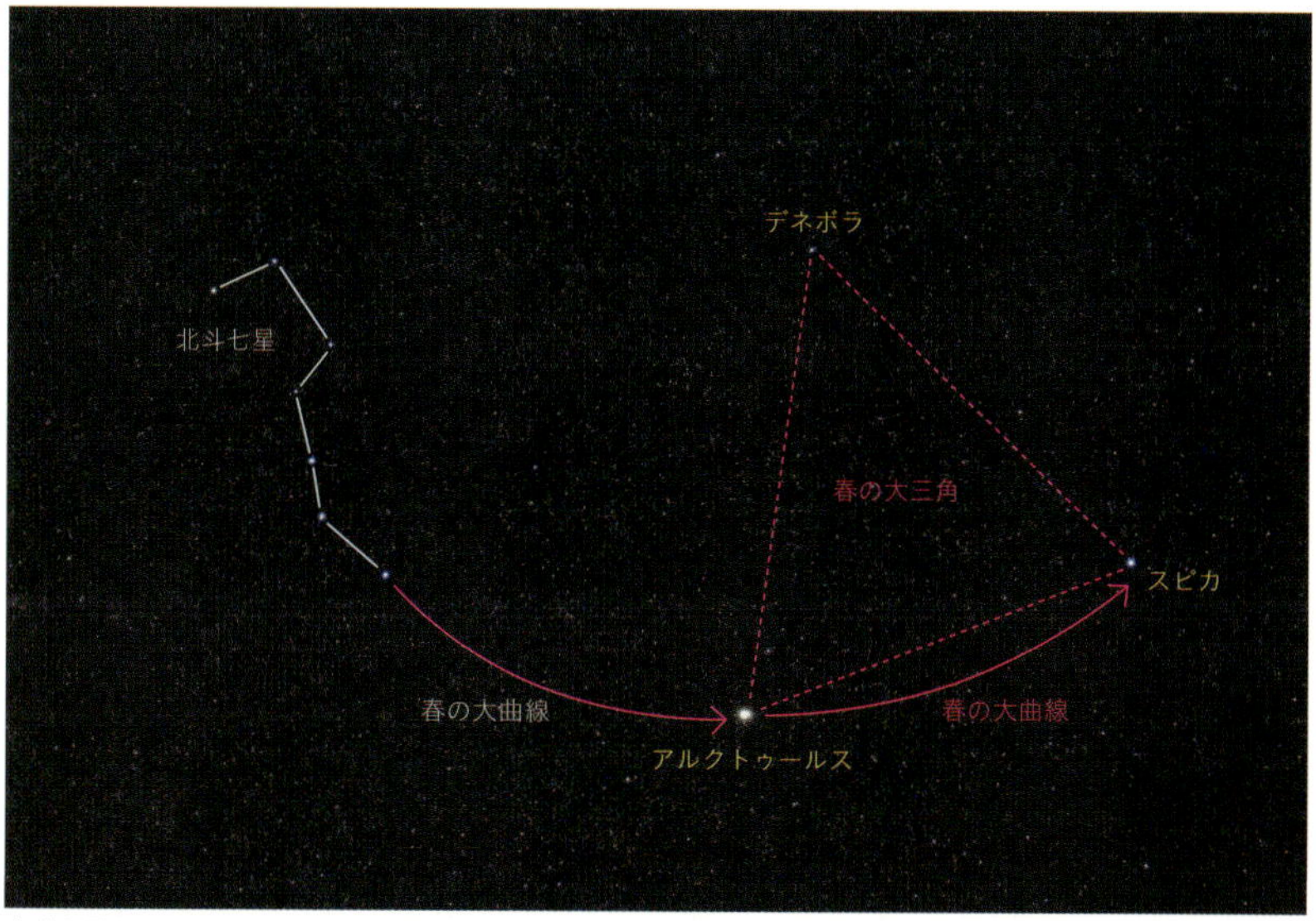

北斗七星をひしゃくに見立てて、手に持つ柄のところを曲りなりに伸ばすと、明るい星が２つ。「春の大曲線」です。もう１つ結んできれいな三角ができるところには、２等星デネボラがあります。デネボラはある動物のしっぽです。62ページの星図で探してみてください。

春の星空の楽しみ方

たくさんの花が咲き、外に出たくなる季節です。夜桜コースに星空も加えませんか。お花見のため、いつもよりライトアップされていることがあるので、散歩しながら眩しくない場所へ移動しましょう。

北斗七星をひしゃくに見立てると、さかさまになって、まるで夜空に引っかかっているよう。中から水がこぼれ落ち、だから春の夜空は霞がかかったように見えるという話にも説得力があるように思えてきます。

北斗七星はおおぐま座の一部、大きな熊の背中から尾にあたります。夜空の熊は尾が長いので、さらに伸ばして、星座探しの目印にさせてもらいましょう。少しカーブしている尾をそのまま延ばしてゆくと、明るい星が2つ見つかります。うしかい座のアルクトゥールスと、おとめ座のスピカ。そしてこのラインが「春の大曲線」です。春の淡い星たちの中でひときわ目を引くのがアルクトゥールス。きらきら目立っています。

CHECK!

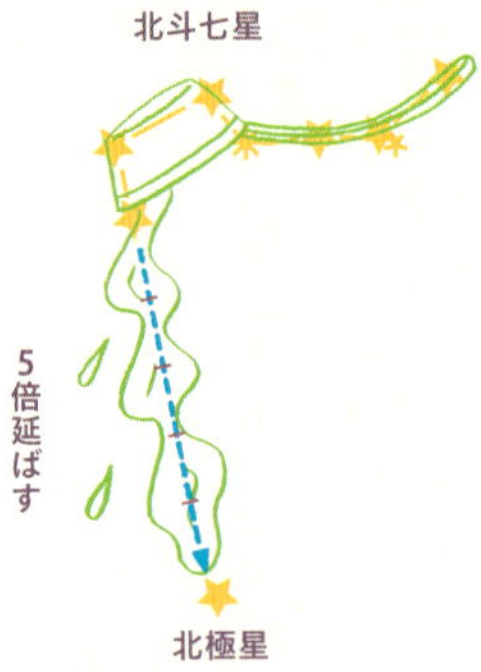

春の北極星の見つけ方

北斗七星をひしゃくに見立て、水を汲むところの先にある2つの星を、その間隔の5倍、水のこぼれる方向に延ばします。ものさしに使った北斗七星の2つの星と同じくらいの明るさで北極星がポツンと光っています。周りに明るい星がないので、案外見つけやすいです。北極星は2等星です。

春の星座の見つけ方

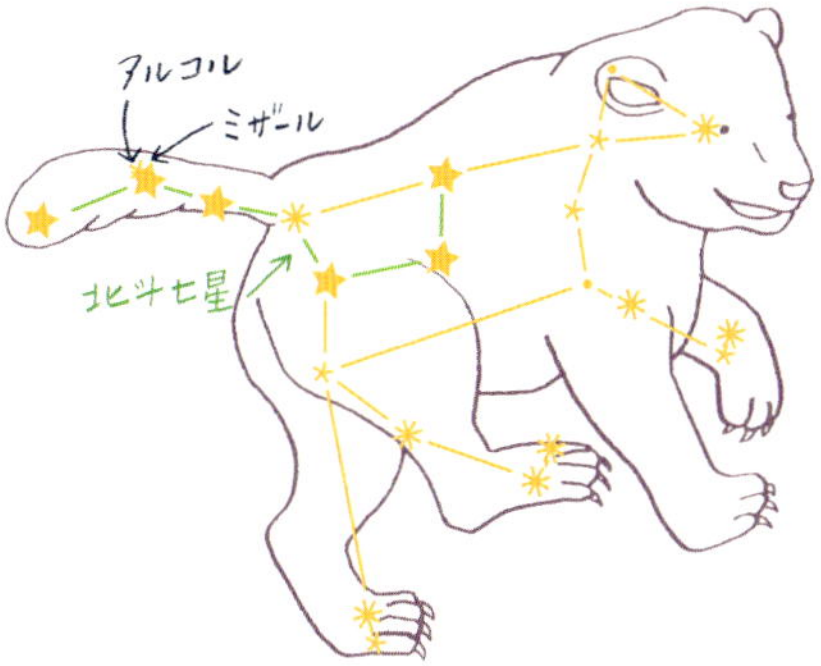

おおぐま座

教科書でもおなじみの北斗七星は見つけやすい星の並びです。「おおきなひしゃく」と順にひとつずつ水を汲むところから星をたどると、文字と星がぴったり合います。「ゃ」にあたる星がないのでぴったりではない？　いえいえ、ちゃんと星があります。北斗七星の柄の端から2番目の星をよく見ると、小さな星がちょこんとついています。明るい星がミザール、暗い小さな星がアルコル。昔はアルコルが見えるかどうか目の検査に使っていたそうです。見えるか試してみてくださいね。

北斗七星は熊の背中からしっぽの星々です。少し暗いですが、熊の頭にあたる星や足の爪の星もあります。

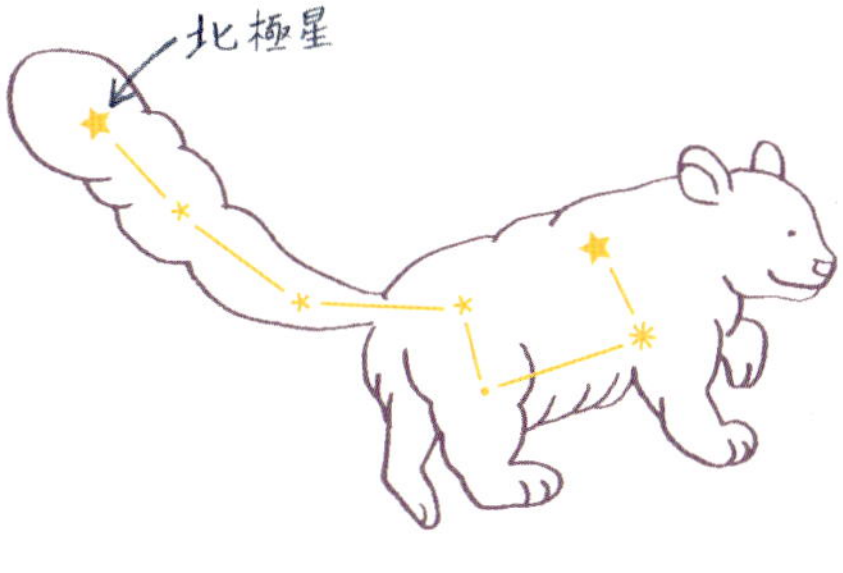

こぐま座

ほぼ真北にある北極星をしっぽの先にもつ星座。北極星から、小さな北斗七星のように星が並んでいます。北極星以外は暗い星なので、つなぐのは少しむずかしいです。おおぐまとこぐまは親子の星座。

北極星を、日本の昔からの言い方では「子《ね》の星」といいます（北の方角が子、南は牛、結ぶ線が子午線《しごせん》です）。こぐま座は、時間が経つと時計の針と反対に回りますが、一年中沈むことのない星座です。

実は北極星は少しずつ別の星に変わっていきます。地球が2万5000年ほどかけて首を振るように動いているためです（歳差運動）。

うしかい座

1等星アルクトゥールスが、春の夜空で特に明るく目立っています。アルクトゥールスから上の方に、5つの星がネクタイのような形に並んでいます。初夏にはコーンにのったアイスクリームのように見えるかも？

「うしかい」は牛を飼う人のこと。一緒に牛を守っているのが2匹の猟犬で「りょうけん座」として描かれています。うしかい座とりょうけん座は、つながって見えますが、別の星座です。

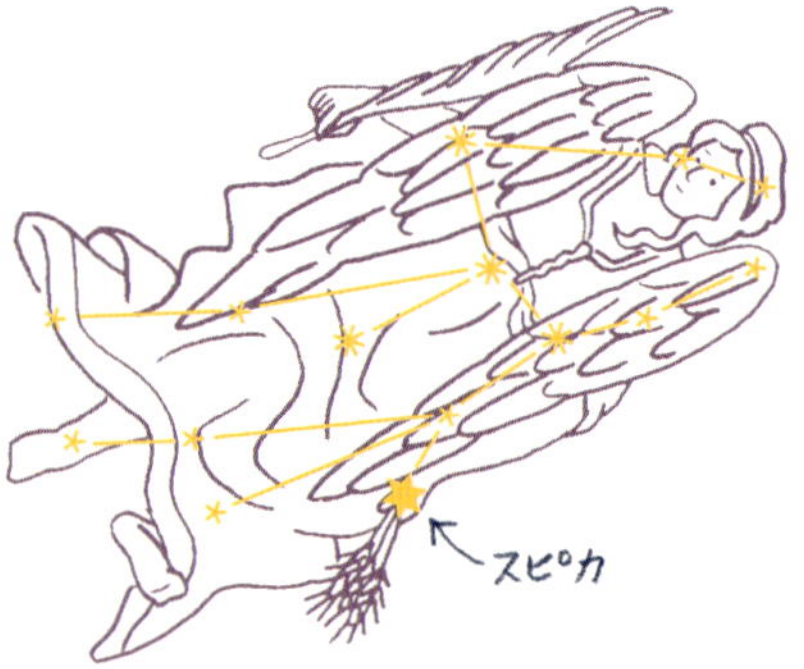

おとめ座

1等星スピカが白く輝きます。黄色っぽいアルクトゥールスと色の違いを比べてみてください。スピカは、アルクトゥールスより少し遅れて昇ってきて、少し早く沈みます。スピカから西（右）の方へ、アルファベットのYを横に倒したように暗めの星が並んでいるのですが、全体をとらえるのは少し難しいかもしれません。とても大きな星座なので、ダイナミックに視野を広げてください。

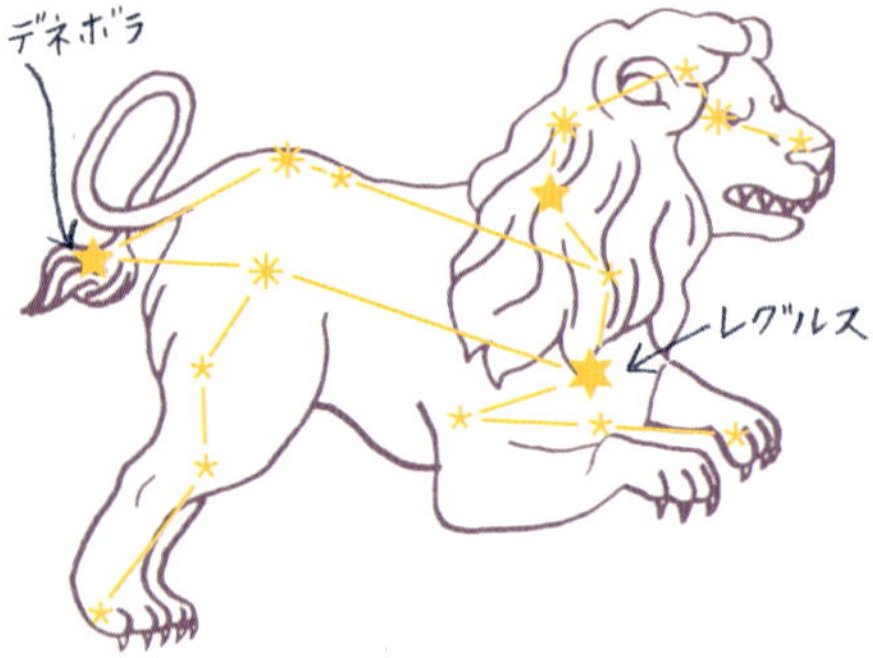

しし座

ししはライオンの星座。北極星探しに使った北斗七星の2つの星を、北極星とは反対の方にずっと伸ばすと、1等星レグルスがあります。レグルスの上に2〜3等星が5つ、はてなマークを裏返したような形に並んでいます。ここがライオンのたてがみです。そこから東（左）の方に、2等星デネボラがあります。デネボラはライオンのしっぽという意味。スピカ、アルクトゥールスと結ぶと、春の大三角です。

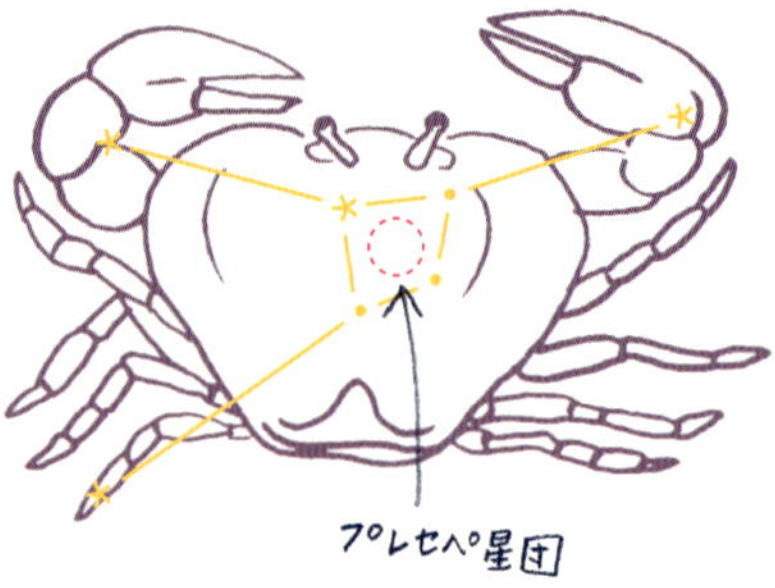

かに座

かに座の星はどれも暗く控えめです。しし座のレグルスと、ふたご座のカストル、ポルックスの間にあると思って探してみてください。月の明るい晩は避けましょう。Yをさかさまにしたような星の並びです。真ん中がカニの甲羅で、ぼんやりとプレセペ星団があります。プレセペ星団は肉眼で見えます。まず、しし座を見つけてから、ライオンの視線の先にふわっと見えるプレセペ星団を探してみましょう。

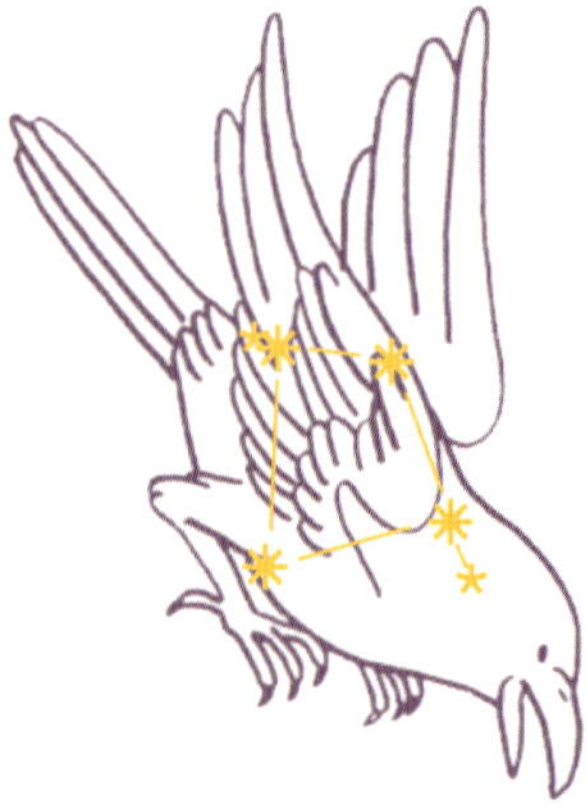

からす座

春の大曲線の先に4つの星が少しゆがんだ四角を作るように並びます。南の空が開けた場所で探しましょう。明るい星はないですが、意外と見つけやすいです。

星座のからすは昔は銀色の羽根を持ち、人の言葉を話すことができました。ところがある日、神様に嘘をついてしまったため言葉を取り上げられ、羽根も黒く塗られてしまったといいます。星座となった今は、夜空でのんびり地上を見下ろしていることでしょう。

PICK UP!

うみへび座

全天で一番大きな星座。頭を出してからしっぽの先が出るまで7時間くらいかかります。明るい星がないので、しし座など春の星座の下の方で、東へうねうね続く暗い星の並びを探してください。

春の星座物語

おおぐまとこぐまの物語

月と狩りの女神アルテミスに仕える森のニンフ（妖精）達は、生涯結婚せずに忠誠を尽くすと誓っていました。しかし大神ゼウスに見初められた美しいニンフのカリストはゼウスの子供を宿し、怒ったアルテミスによって熊の姿に変えられてしまいました。

カリストの息子アルカスは、立派な狩人に成長し、ある日、カリストの暮らす森の奥へと入って行きました。アルカスを見たカリストは、自分が熊の姿になっていることを忘れて思わず息子へと駆け寄りました。大きな熊が走ってきたことに驚いたアルカスは、母に矢を向けたのです。それを見たゼウスが驚いてアルカスも熊の姿にして2人を夜空に上げました。

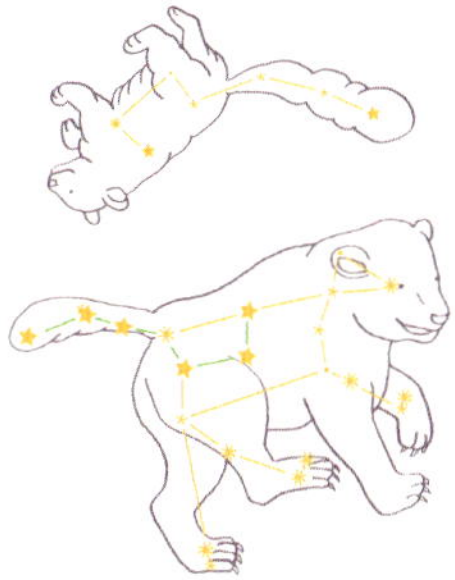

カリストが大熊、アルカスが子熊の姿になり、夜空でおいかけっこをするように仲良く並んでいます。

うしかい座の物語

描かれているのは、ゼウスとの戦いにやぶれた巨人族のひとりアトラスです。アトラスには、天を支える仕事が与えられました。天を支える仕事はとてもつらく、いつしかアトラスの体にはこけが生え、森林ができました。あまりのつらさに、通りかかったペルセウスに声を掛け、自分を何も感じない石に変えてくれとお願いしました。ペルセウスは、見る者すべてを石に変える怪物メデューサの首を持っていたのです。石になったアトラスの姿は、アフリカ北西部にアトラス山脈として見ることができます。アトラスの見下ろしている海が大西洋、アトランティックオーシャンです。

夏の星座

[この星空が見える時刻]

5月5日午前3時頃、5月20日午前2時頃、6月5日午前1時頃、6月20日午前0時頃、7月5日午後11時頃、7月20日午後10時頃、8月5日午後9時頃、8月20日午後8時頃

暗い空

星図2-1

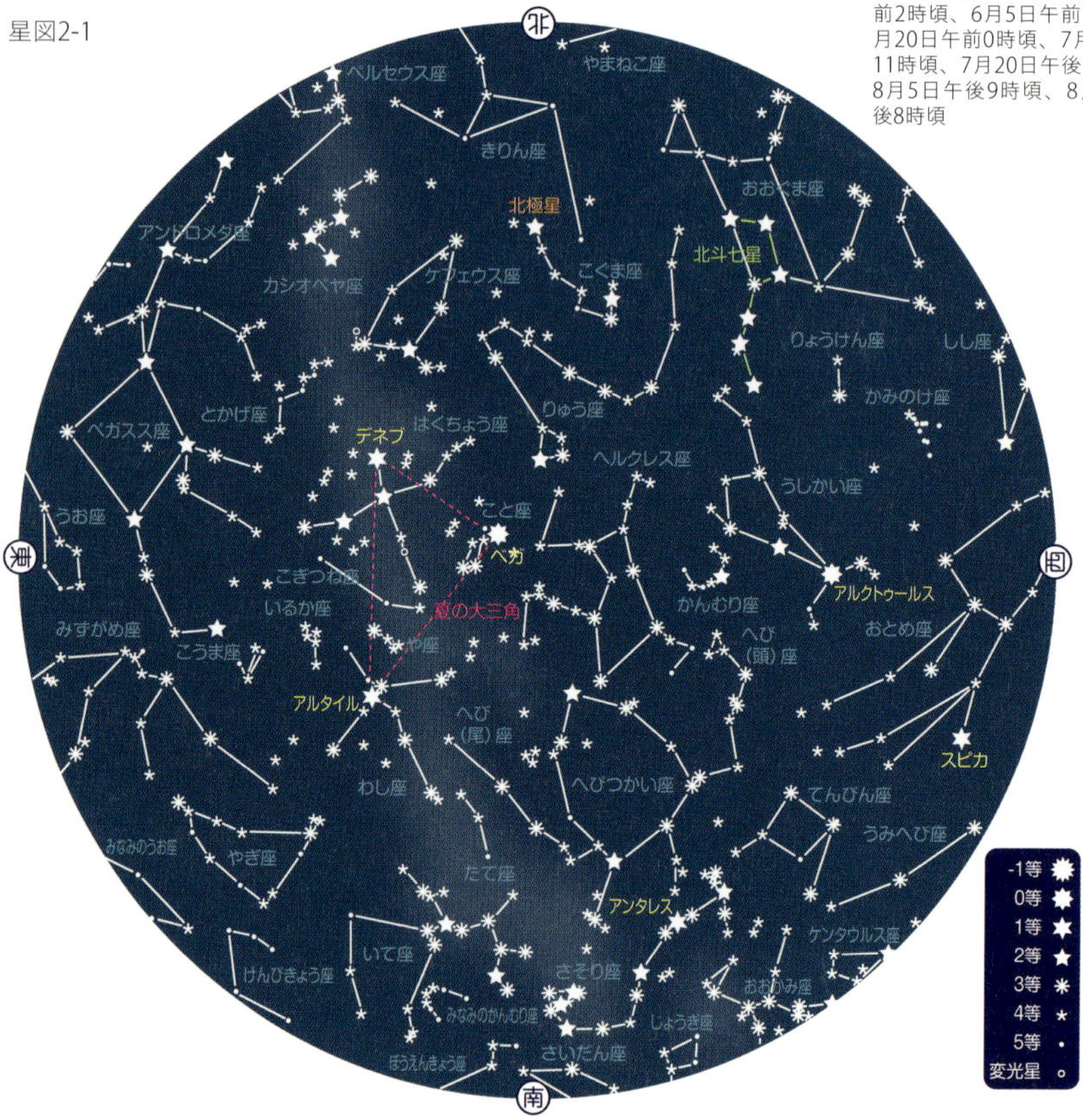

MEMO

「夏の大三角」は小学校4年生の教科書に登場します（2018年4月現在）。特大の三角定規のように並んだ3つの星はどれも明るくて、街中でもよく見えます。この三角が見つかれば、もう3つの星座を見つけたことになります。

南にはアンタレス、西にはまだアルクトゥールスが明るく見えます。条件のよい空だと、大三角を通ってさそり座まで天の川が濃く太く見えます。

明るい空

星図2-2

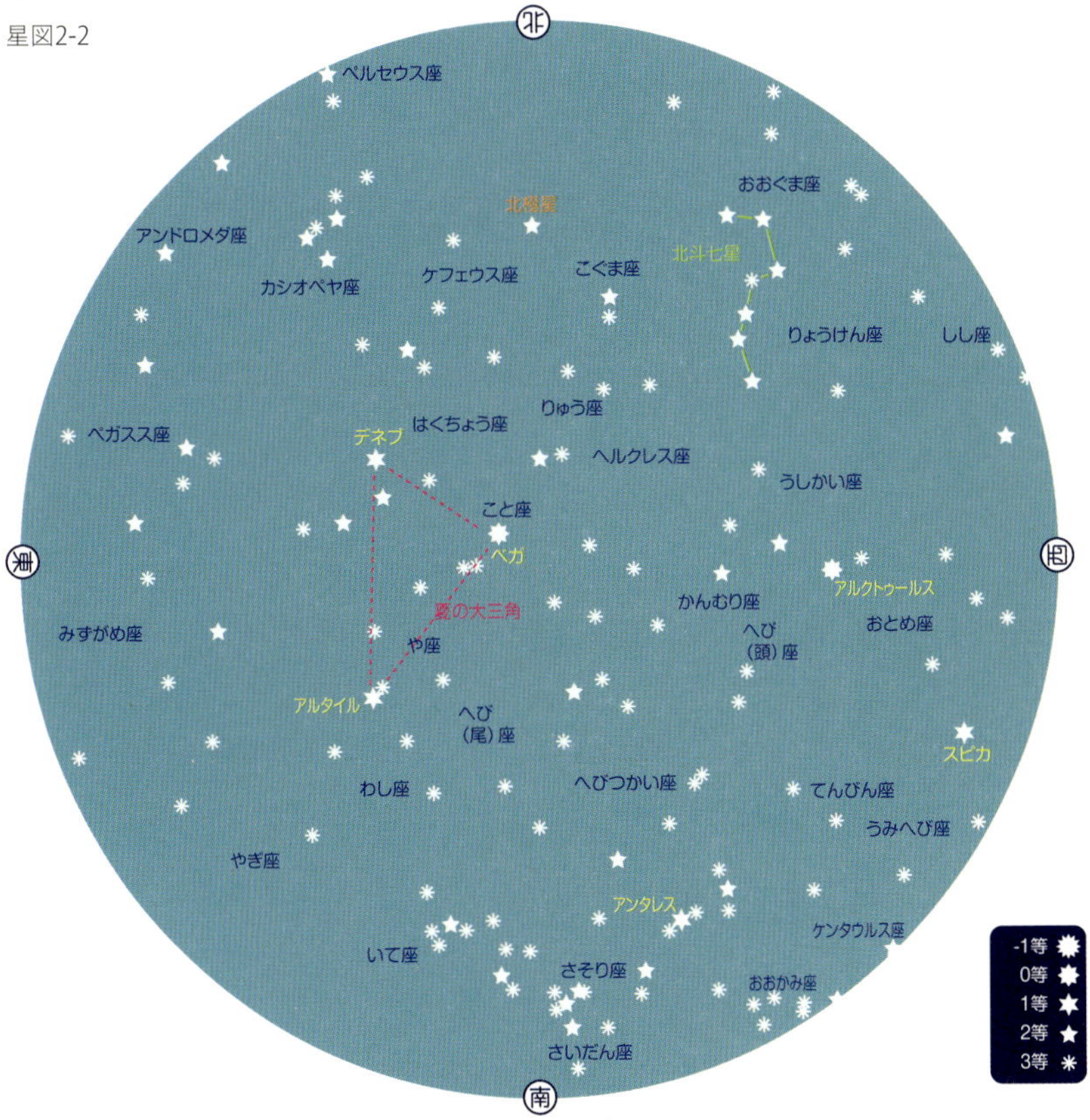

MEMO

夏の夜空は天の川！　といわれますが、街中では見えません。天の川は夏の大三角の間を通るように、淡い光の帯が見られます。夏の大三角は街中でもよく見えますので、あの辺りに天の川があるのだなぁと想像してみてください。

夏の大三角からずっと南の空低く、さそり座の1等星アンタレスが光ります。南の空低いため、夜空にある期間が短く、見られる時期は夏限定です。

夏の星座

[この星空が見える時刻]

7月15日午後10時頃、8月15日午後8時頃、9月15日午後6時頃

南の空

暗い空

星図2-3

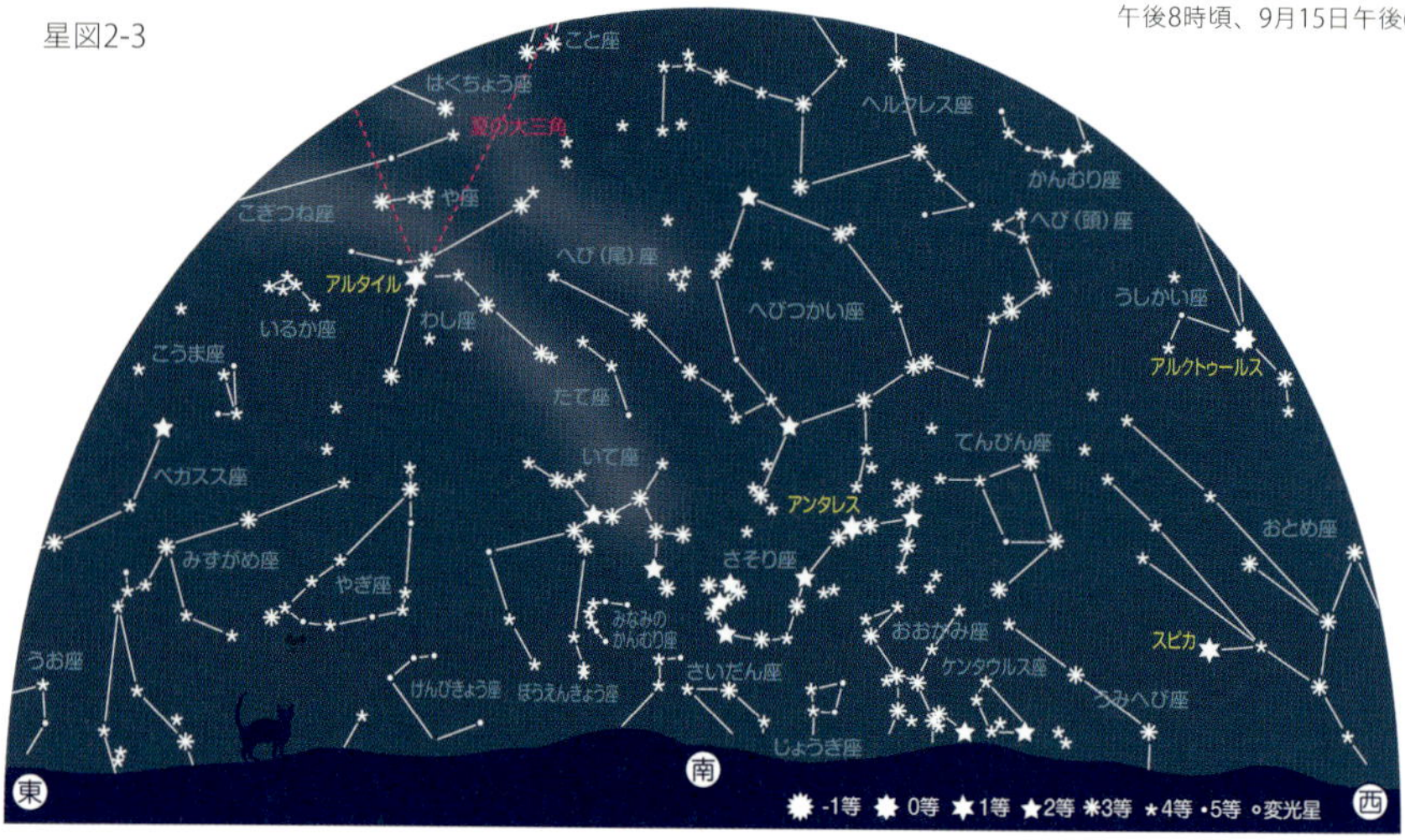

明るい空

星図2-4

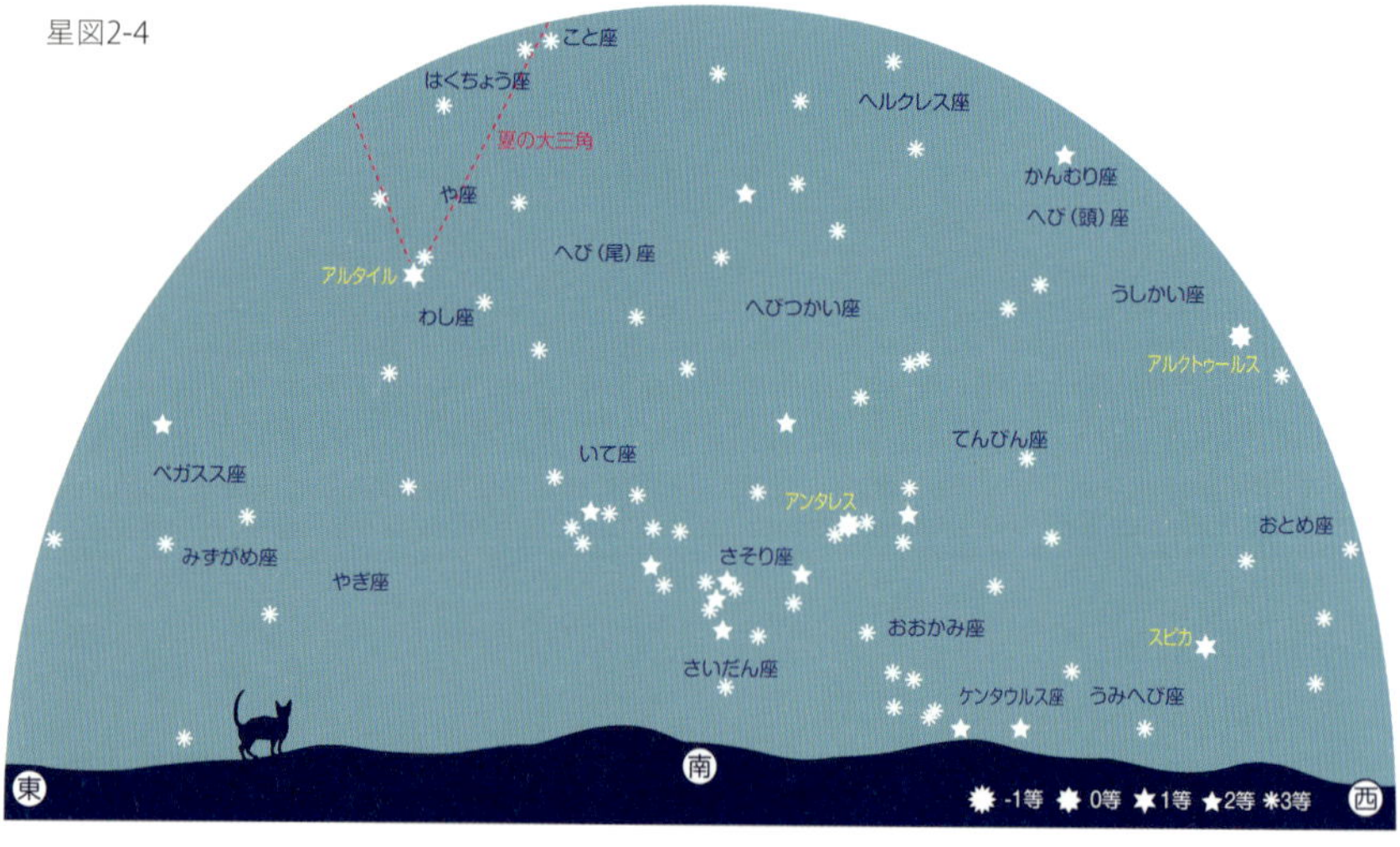

夏の星をたどってみよう

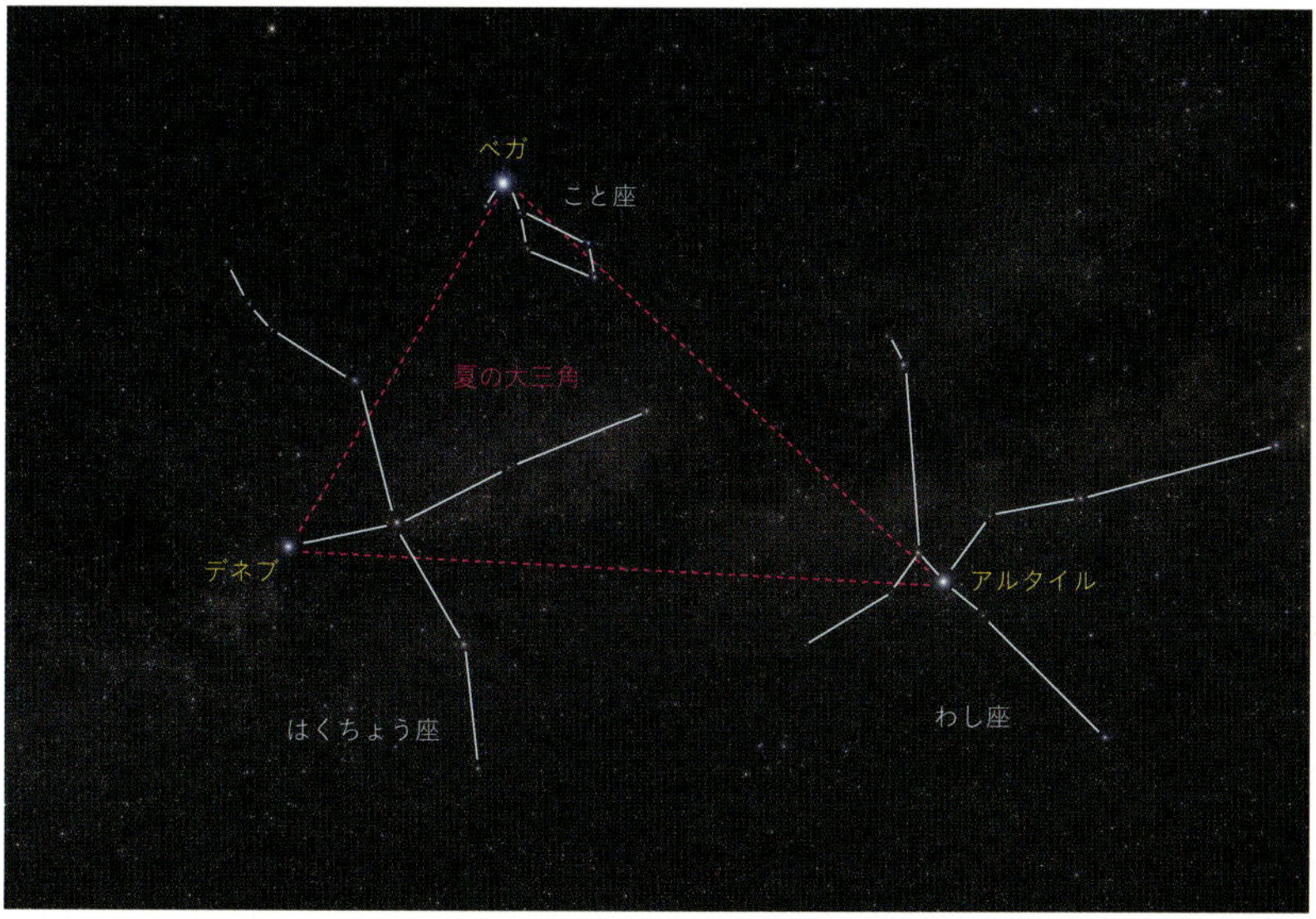

明るい星が３つ、目立っています。どれも１等星なので、街中でも見つけることができます。結んでできる三角形が「夏の大三角」。各星座の星がどこまでたどれるか、この写真を見ながら挑戦してみてください。白くぼんやりとした光の帯は天の川です。

夏の星空の楽しみ方

冷え込みが少なく、夜でも過ごしやすい季節です。夕涼みしながら星を見に出かけませんか。夏の大三角は街でも目立ちます。明るさがそれぞれ違うので比べてみてください。1番目と2番目に明るい星は私たちに馴染みの深い星。夏の星座物語を見てくださいね。三角を結んでショートケーキにして想像のいちごを乗せたり、自分だけの星座を作ってみてはいかが？

キャンプのできる場所なら、バーベキューなどで盛り上がるのも楽しそう。きちんと片付けも済ませて、あとは寝るだけ……にしてからゆっくり星空散歩をしませんか？ ただし、夏でも夜は案外冷えるので、服装には注意してくださいね（57ページ参照）。テントには虫を寄せ付けないシートを敷くと安心です。

夏の夜空は、昼間の大気が冷やされて少しゆらめいて見えたりします。そんなとき、地球という星の大気に包まれているのだなぁとしみじみ思います。

CHECK!

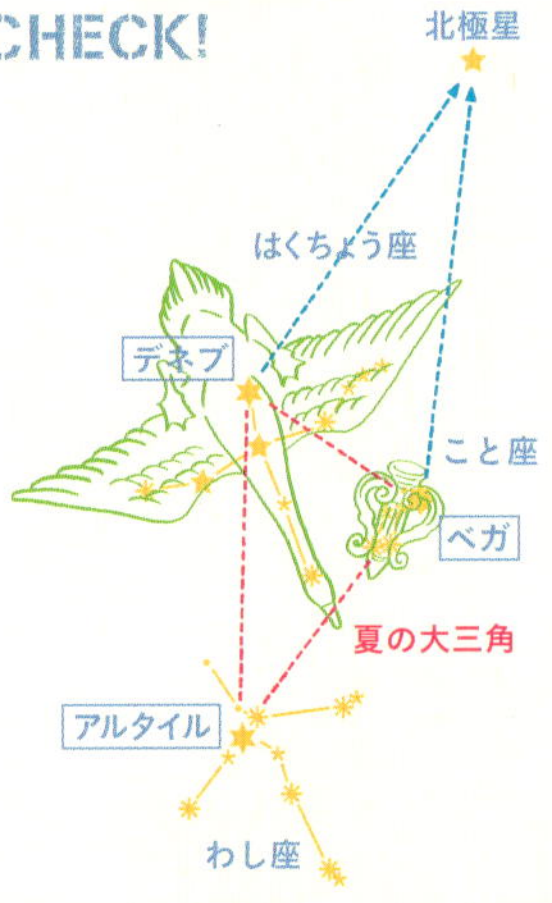

夏の北極星の見つけ方

明るく目立つ「夏の大三角」を頭の中で工作。夏の大三角は細長い形をしています。短い辺のベガとデネブを結ぶ線を中心に、アルタイルを反対に折り返します。アルタイルが倒れた辺りにある明るめの星が北極星です。周りにあまり明るい星がないので、北極星だけぽつんと光って見えているはず（70〜71ページも参考にしてください）。

夏の星座の見つけ方

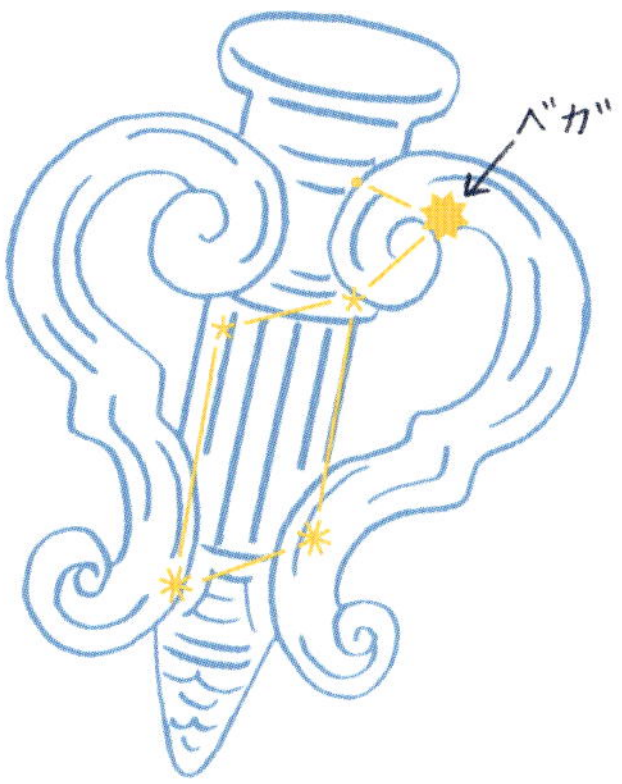

こと座

1等星のベガが白く輝きます。夏の大三角で一番明るく、街中でも見つけやすい星です。ベガの近くに暗い星が2つあって、ベガと結ぶと小さな三角になります。ベガが鳥の体で、小さな翼をたたんで急降下するように見えます。ベガはアラビア語で「落ちるわし」という意味です。

ベガの左下には平行四辺形を作るように4つの星があります。琴の弦になるところ。神話では、音楽の名手オルフェウスのたて琴が天に昇って星座になりました。膝に乗せて弦をつまびく西洋のたて琴で、ハープの原型のリラという楽器です。

わし座

わし座の1等星アルタイルは、夏の大三角で2番目の明るさ。アルタイルの両側に小さな星が1つずつあります。まるで、アルタイルを中心に鳥が羽を広げているように見えることから、アラビア語で「飛ぶわし」という意味のアルタイルと名付けられました。

このわしは、全知全能の神ゼウスの変身した姿だともいわれます。星座絵ではよくガニメデ少年を連れて飛び立つところが描かれています。ガニメデ少年は神の国でお酒のお酌をする仕事をしながら成長し、独立した星座となりました。続きは秋の星座、みずがめ座をごらんください。

はくちょう座

1等星デネブは地球から光の速さで1500年もかかる距離にある巨大な星です。デネブから漢字の「十」のように星が並んでいます。南十字に対して、これを北十字ともいいます。デネブをしっぽに、大きく翼を広げた白鳥に見立てています。この白鳥も、わし座と同じようにゼウスの変身した姿です。白鳥の姿で、美しい王女様に会いに行ったそうです。ゼウスはこのように、夜空のあちこちに姿を変えて描かれています。

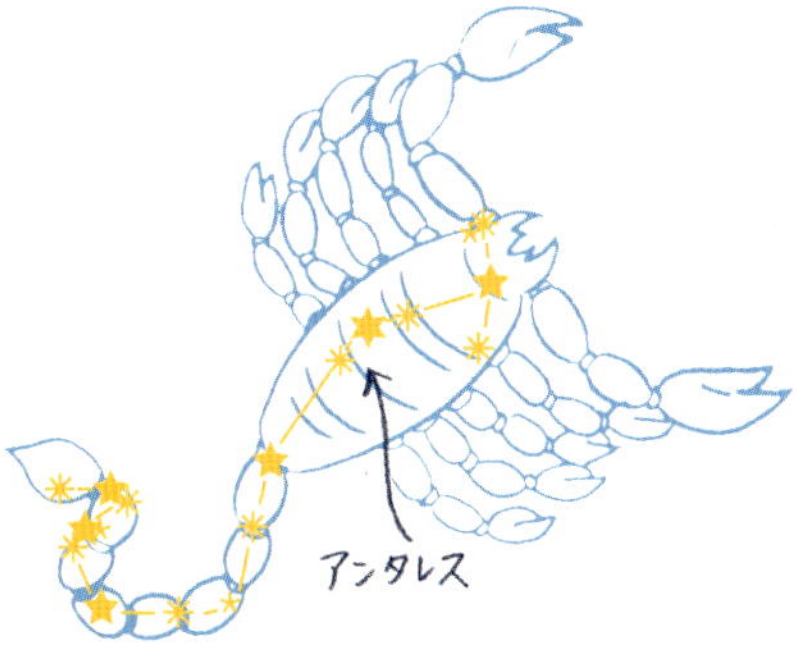

さそり座

1等星アンタレスが南の空に目立ちます。アンタレスの周りの星を結ぶと、釣り針のような形。海に囲まれた日本では「うおつりぼし」と呼ばれてきました。ニュージーランドでも、釣り針に見立てた物語が伝わっています。低いので見える時期が夏の他の星座より短いのがちょっと残念ですが、さそり座を見ると夏を感じます。南に行くほど高く見えます。プラネタリウムで星座絵を出すと「ザリガニだー」というかわいい声が飛んできます。

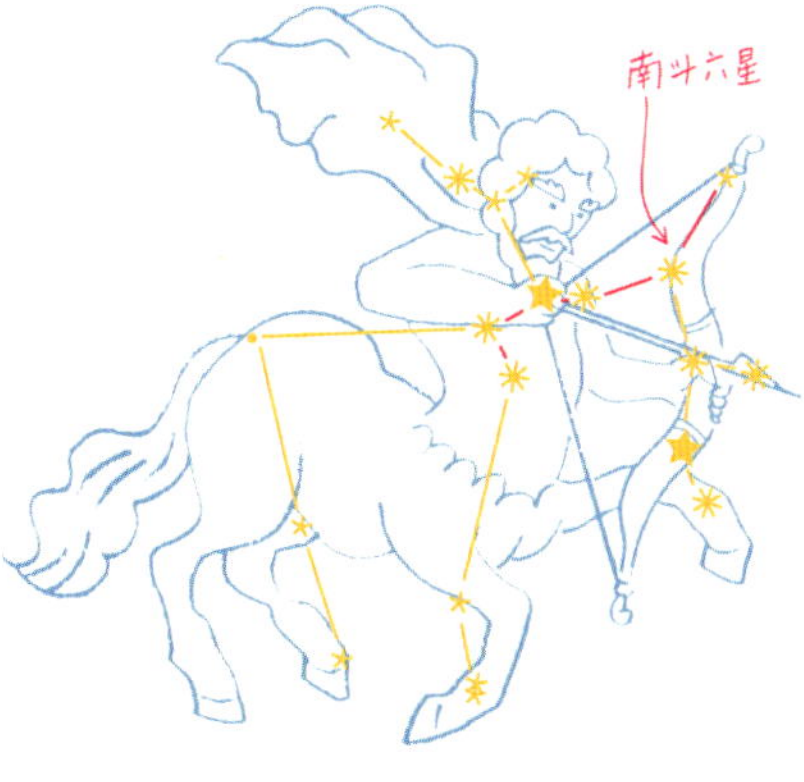

いて座

さそり座の東側、小さなひしゃくのような6つの星の並びが特徴です。南の空で6つの星が作る小さなひしゃくの意味で南斗六星といいます（北の空で7つの星が作る大きなひしゃくは北斗七星）。いて座は暗い星が多いので、まずは南斗六星を見つけましょう。

天の川は英語でミルキーウェイ（ミルクの道）といいますが、小さなひしゃくはミルクをすくうスプーンに見えるため、ミルクディッパーとも呼ばれます。

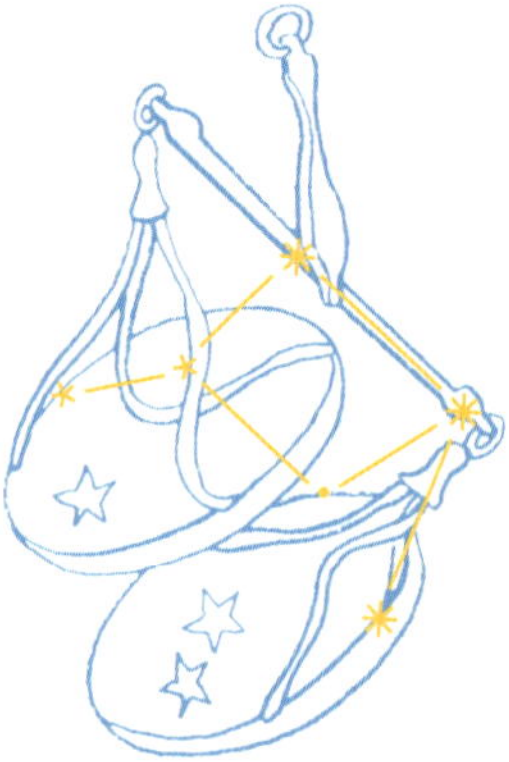

てんびん座

3つの3等星が裏返しの「く」の字を描くように並んでいます。見つけるのはちょっと難しいかもしれません。さそり座の西（前）にあります。神話によれば人の魂をはかる天秤で、正義の女神アストレイア（おとめ座）が使う道具です。

秋分点は今ではおとめ座に移っていますが、昔はここにあって昼夜を等しく分けていたため、時をはかる道具と考えられたのかもしれません。

へびつかい座＆へび座

さそり座の上を見ると、お皿に乗せたプリンのように星が並んでいます。星座絵はアスクレピオスというお医者さんを描いたものです。どんな患者も治す名医でしたが、黄泉の国へ行った者も生き返らせたため、世界が乱れては大変と夜空へ上げられました。

へびつかい座の頭の2等星ラス・アルハゲは、夏の大三角のベガとアルタイルを結ぶ線を中心に折り返して、デネブがくる辺りにあります。

ヘルクレス座

へびつかい座と頭をつきあわせるように、ヘルクレスの頭の星、3等星のラス・アルゲティがあります。その上に、ヘルクレスの頭文字Hのような星の並びを探してください。

ヘルクレスは、12の冒険をしながら壮絶な人生を歩んだギリシャ神話に登場する英雄で、彼の倒した怪物たちもいくつか星座になっています。かに座、しし座、うみへび座などもヘルクレスに倒されました。

※春分点と秋分点：天の赤道と黄道（42ページ参照）の交わる2点で、太陽が南から北へ移る点を「春分点」、北から南へ移る点を「秋分点」といいます。

夏の星座物語

七夕物語

天の川をはさんで西と東に、働き者の織姫と彦星が住んでいました。織姫は天の神様、天帝の娘です。夫婦となった２人は毎日が楽しくて仕事をしなくなり、怒った天帝は２人をふたたび両岸に引き離します。しかし泣いてばかりの様子を見てかわいそうになり、年に一度、２人が会うことを許しました。かささぎの羽根が天の川の橋となって、織姫は年に一度、彦星のところへ渡ってゆくのです。こと座のベガが織姫星、わし座のアルタイルが彦星です。

私たちは機織りの上手な織姫にあやかって、上達したいことを短冊に書いて笹に飾ります。七夕伝説は日本にあったお祭りと、奈良時代に中国からきた伝説が合わさったもので、江戸時代に庶民に広まりました。笹飾りをするのは日本だけのようです。日本では笹には神様が降り立つと考えられているためです。

PICK UP!

かんむり座

妻となる人に贈った冠で、暗い星々がくるんと半円形に並んでいます。うしかい座の下の辺りを探してください。古代ギリシャでは、みなみのかんむり座と合わせて北と南の冠としてペアで記されています。

秋の星座

[この星空が見える時刻]

8月5日午前3時頃、8月20日午前2時頃、9月5日午前1時頃、9月20日午前0時頃、10月5日午後11時頃、10月20日午後10時頃、11月5日午後9時頃、11月20日午後8時頃

暗い空

星図3-1

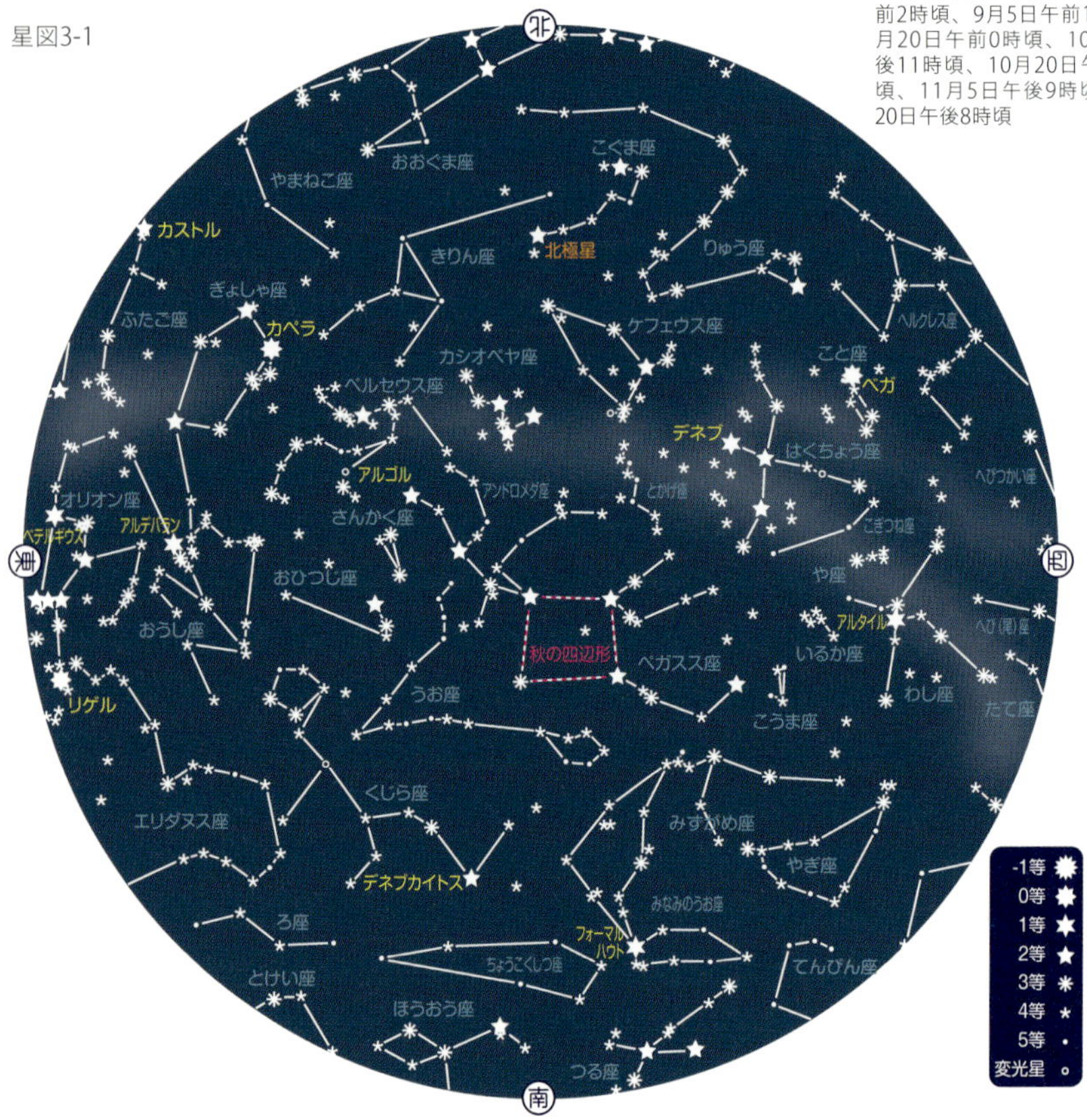

MEMO

星座探しの目印は、4つの星が作る大きな「秋の四辺形」。ここはペガスス座。上にはカシオペア座がアルファベットのWのような形に見えます。天馬ペガススのお腹の星から続くのが絶世の美女アンドロメダ座。ペガスス座の東の星を北極星と反対に下の方に延ばすと、くじら座の2等星デネブカイトス、西側の星を下に延ばすと、秋の星座でただひとつの1等星、みなみのうお座のフォーマルハウトです。

明るい空

星図3-2

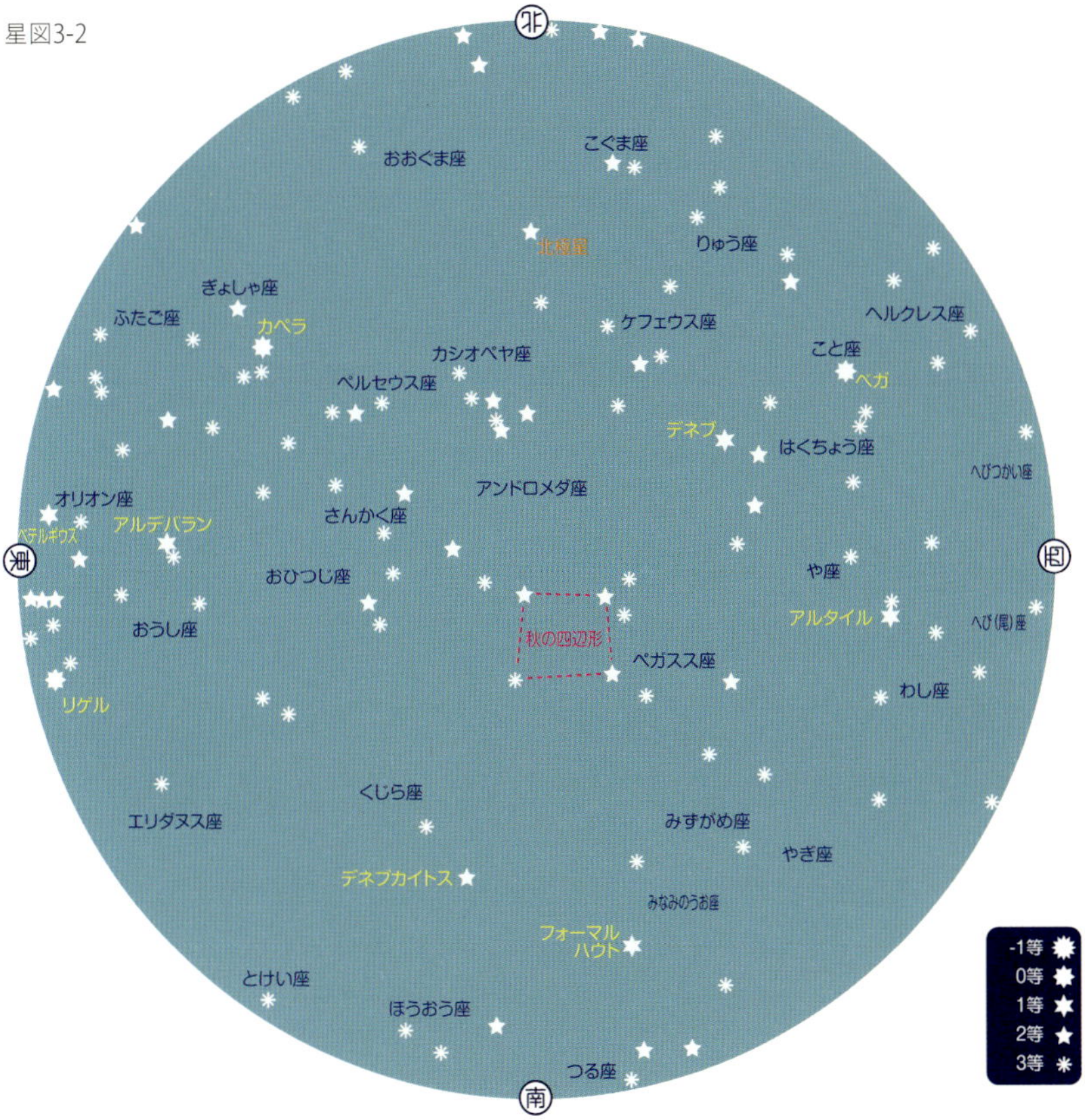

MEMO

秋はあまり明るい星がありません。古代エチオピア王家の物語の登場人物が勢揃いする秋の夜空ですが、すべてを見るのは街中では難しそうです。秋のひとつぼしと呼ばれるフォーマルハウト、左上のくじらの尾の星デネブカイトス、そこからずっと天頂近くにある秋の四辺形を探してみましょう。星図で見るよりずっと大きく、驚くかもしれません。有名なカシオペヤ座の星は、3つくらい見えるでしょうか？

秋の星座

[この星空が見える時刻]

10月15日午後10時頃、11月15日午後8時頃、12月15日午後6時頃

南の空

暗い空

星図3-3

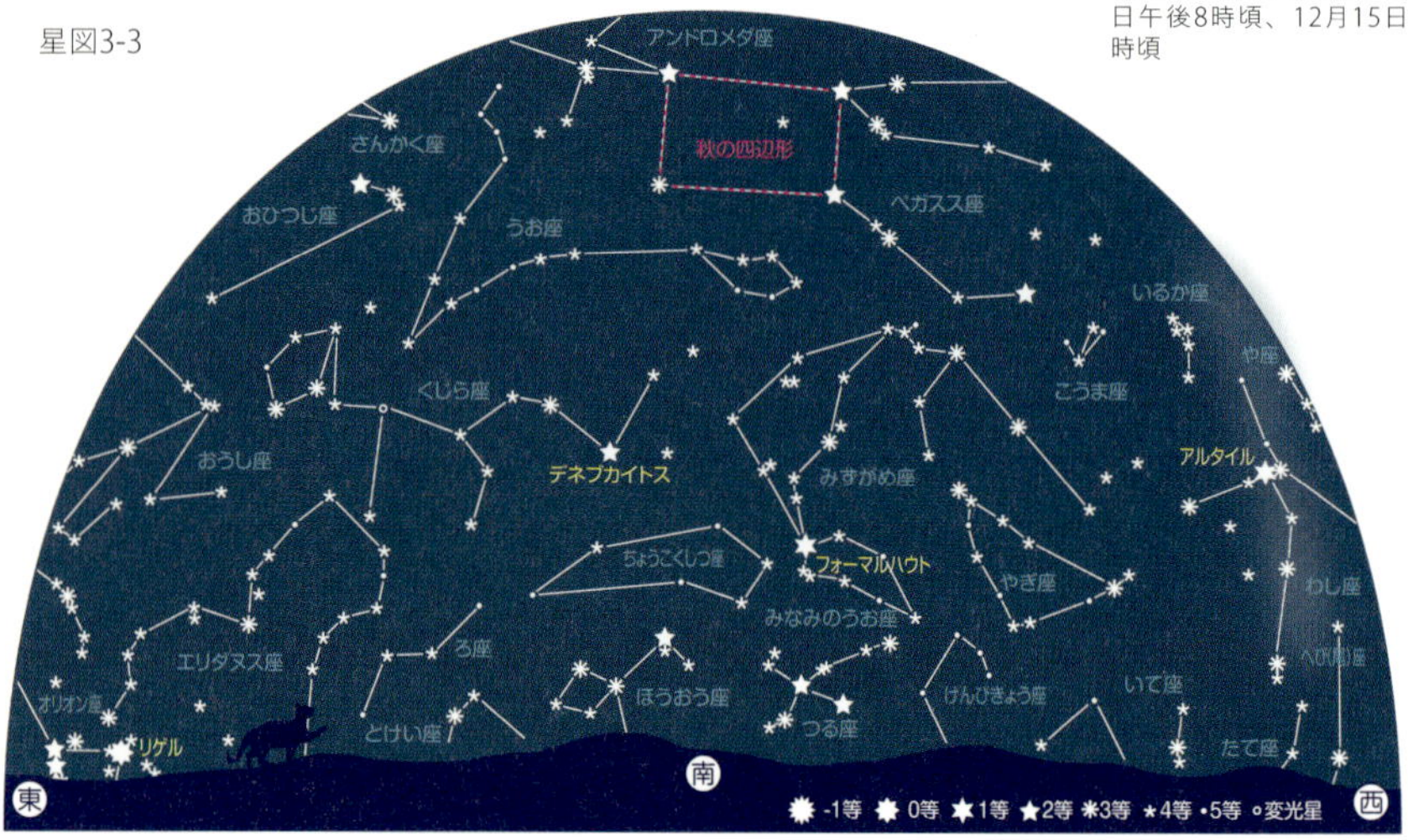

明るい空

星図3-4

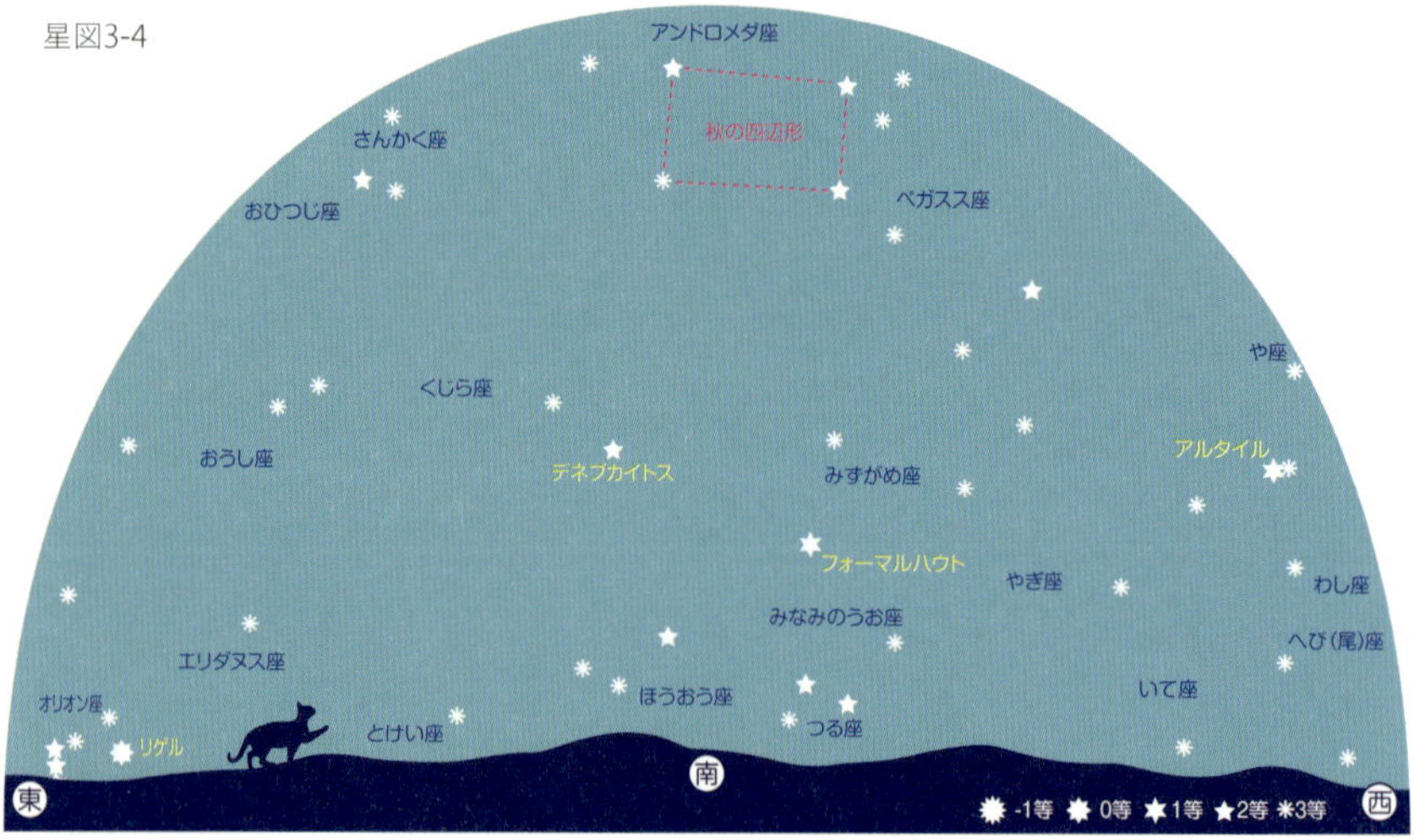

秋の星をたどってみよう

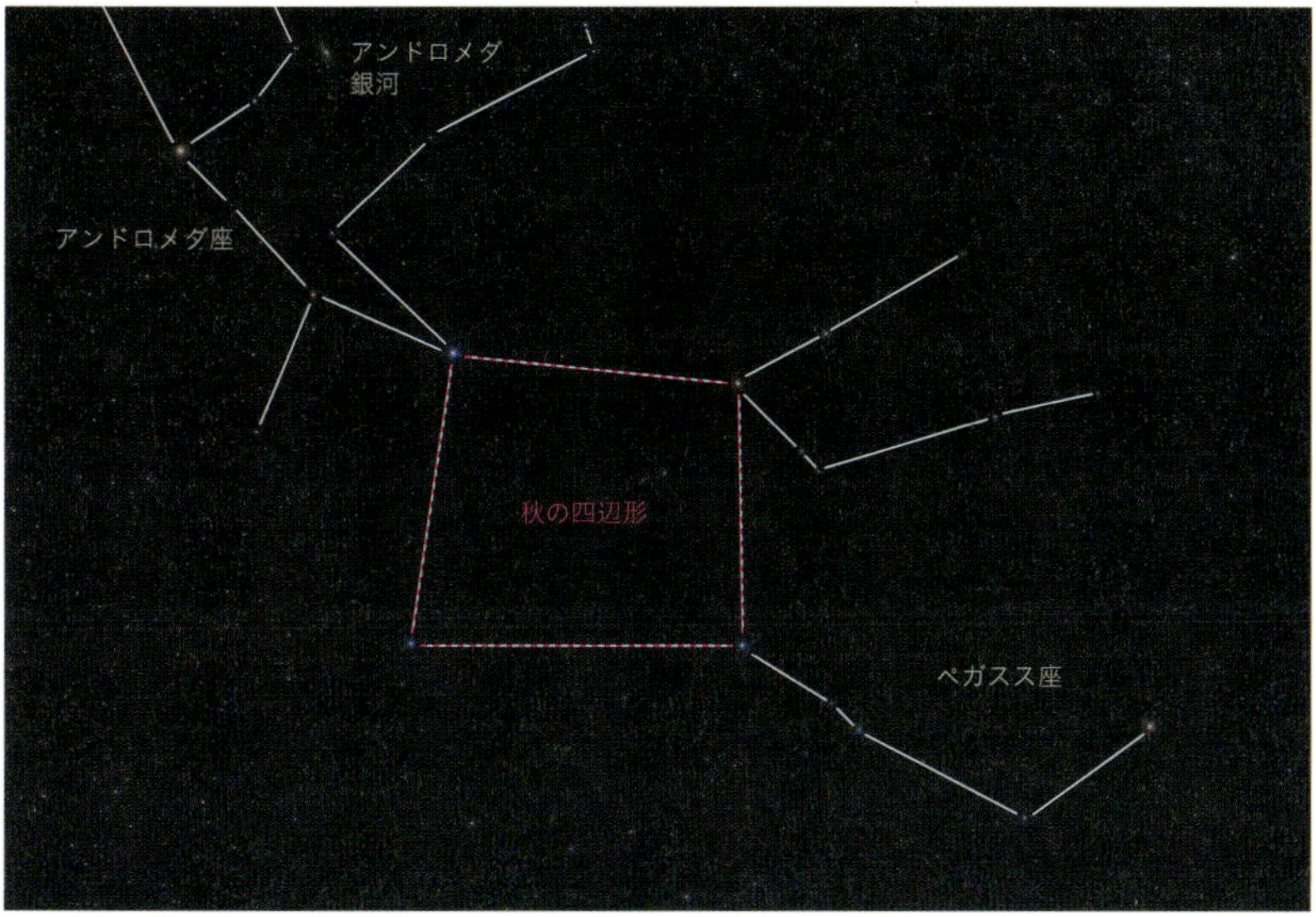

明るい星の少ない秋の空。頭の高いところに４つの星が大きな四角を作るように並んでいます。これが「秋の四辺形」です。大きな四角を目印に秋の星座を見つけましょう。

秋の星空の楽しみ方

夏の強い日差しも弱まり、星空もしっとり落ち着いて見えます。明るい星は少ないですが、古代エチオピア王家物語の登場人物たちが星座となって勢揃いしています。物語を読んでから星空を見上げると、昔の人が考えた物語の登場人物が星座となって今でも生き続けているような不思議な気持ちになります。星座の神話は、空をつながりをもって覚えるには便利です。空全体を一冊の絵本のように楽しんでください。

さて秋といえばお月見ですね。お月見の風習は、年ごとに中秋の日付が変わるためか、七夕ほど親しまれていないような気もしますが、どうでしょう？　中秋の名月の翌月には「後の月」も見るようにといわれますが、これは収穫時期に皆が集まるために生まれたという説があります。「後の月」は日本独自の風習、恐らく中秋の名月と同じ星宿にきた月を愛でるため、少し欠けているのではないかと思われます。

CHECK!

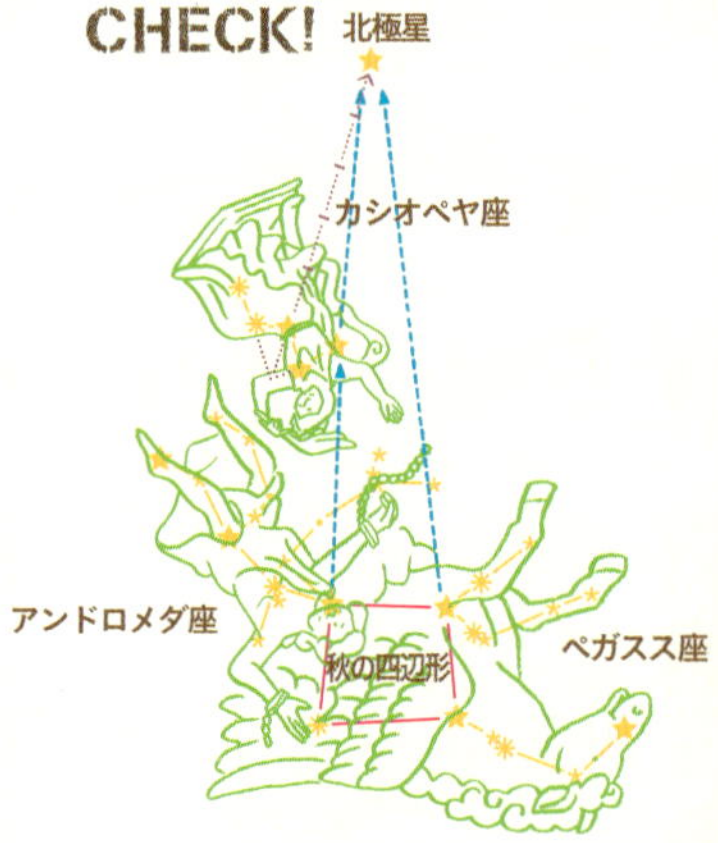

秋の北極星の見つけ方

カシオペヤ座からたどりましょう。カシオペヤを2つの山に見立てます。ふもとから頂上へそれぞれ延ばし、交わったところから真ん中の星までの長さをそのまま5倍した先にあります。

または「秋の四辺形」の東側の星を2つ結んで延ばしてゆくとカシオペヤ座、さらに延ばすと北極星です。

秋の星座の見つけ方

ペガスス座＆アンドロメダ座

頭の高いところ、4つの星が作る大きな四角が「秋の四辺形」です。ここがペガスス座。背中に羽根の生えた天馬です。英語のペガサスの方が聞き慣れているかもしれませんが、星座ではラテン語読みのペガススが正しい呼び方です。

ペガススのお腹の星を頭にしたAのような星の並びがアンドロメダ座です。頭の星は、もとはペガスス座でしたが、1930年の国際会議でアンドロメダ座の星となりました。Aの真ん中から少しはずれたところにあるぼんやり白いものが、アンドロメダ銀河です。

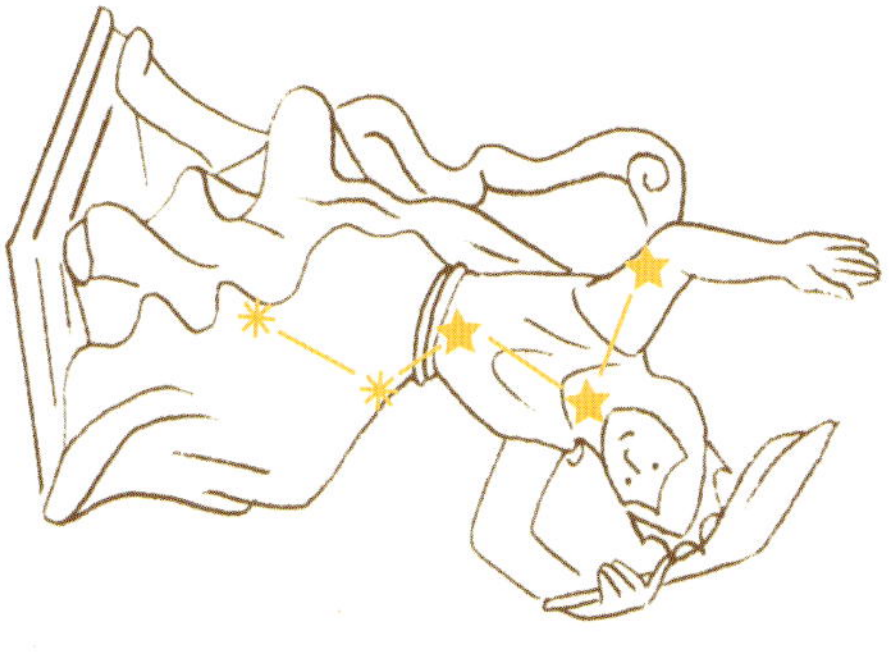

カシオペヤ座

WまたはMのような星の並びが特徴です。日本では山に見立てて、「やまがたぼし」と呼んだりします。北極星探しにも便利で有名な星座ですが、あまり明るい星がなく、ぱっと目を引くわけではありません。それでも特徴のある並びは一度見つけたら忘れられないでしょう。

カシオペヤはアンドロメダ姫のお母さんです。物語では娘自慢をしたために一時期、古代エチオピア王国は混乱しましたが、今でも娘が心配なのかそばで見守っているようです。

みずがめ座＆みなみのうお座

みなみのうお座フォーマルハウトは、秋の星座でただひとつの1等星。南の空に明るく目立ちます。星座絵は鯛焼きのようなまんまるの魚。みずがめからこぼれ落ちる水をおいしそうに飲んでいます。

フォーマルハウトを頼りに空の上を見てゆくと、Yのような並びの4つの星があります。ここがみずがめにあたるところ。みずがめを持つのは、わし座の星座絵でよく描かれるガニメデ少年の成長した姿です。

ペルセウス座

アンドロメダ座の東側で「人」のような星の並びが特徴です。人という漢字の右の先に、怪物メデューサにあたるアルゴルという星もあります。アルゴルは2つの星が回り合っているため、明るさが周期的に変わるように見えます。ペルセウスはメデューサの首を持ち、アンドロメダ姫の足元で姫を見守っています。ペルセウス座が昇ると、そろそろ冬の星座が顔を出し始めます。

やぎ座

夏の大三角のベガとアルタイルを下に伸ばした先、控えめな星たちがぽつぽつと逆三角形に並んでいます。左下の方には、秋の星座唯一の1等星フォーマルハウトが輝きます。ハート型か、優しくほほえんだ口にも見えます。昔の人はここから魂が天国へ行くと考えていたそうです。

1846年、ドイツの天文学者ガレにより、海王星がやぎ座の位置で発見されました。

おひつじ座

秋の四辺形、東側の2つの星を結んでさらに東の方へ伸ばしてゆくと、角にあたる2つの星があります。冬の星座、おうし座の肩にあるプレアデス星団とペガスス座にはさまれた辺り、くじら座の上です。

星座が作られた頃、春分点（78ページ参照）はここにありました。春の太陽がこの星座にきて、春分の日を迎えたのです（星空は長い年月をかけて変化するので、春分点は今では隣のうお座にあります）。

うお座

ペガススの南東の星を囲むように星が並んでいます。右向きの大きなVのような並びの先に、それぞれ丸を描くように星があります。星々は暗いのですが、ペガススの背中に乗せた大きなさくらんぼのようなかわいい並びです。

星座絵では丸いところが魚、大きなVは2匹の魚を結ぶリボンです。魚は母子、ヴィーナスとキューピッドです。キューピッドの持つ矢は「や座」という星座になっていますが、大神ゼウスの心も振り回したようです。

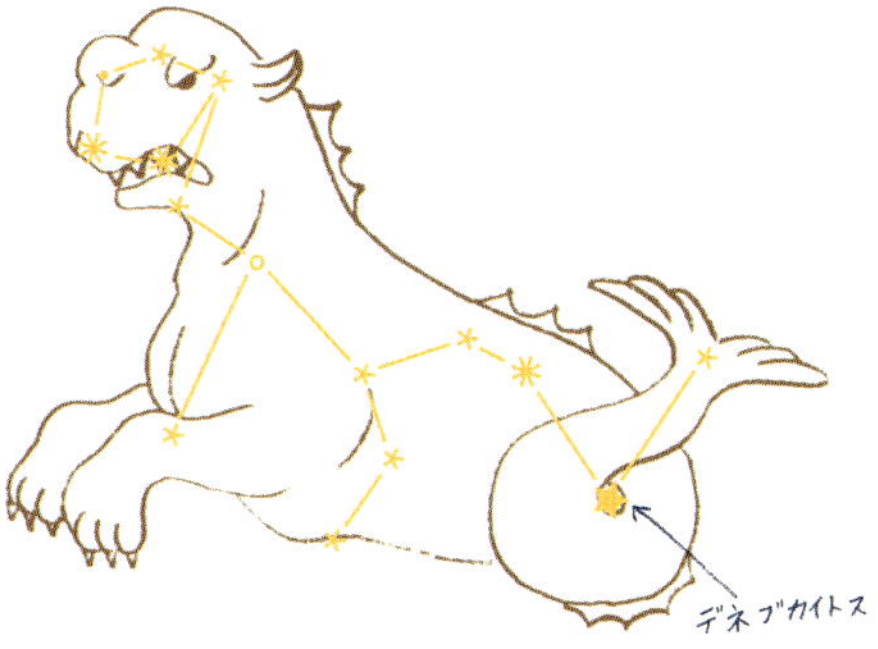

くじら座

秋の四辺形、東側の星を2つ結んでそのまま下ろすと、2等星デネブカイトスがあります。みなみのうお座フォーマルハウトの左の方です。星の名前によく登場するデネブの意味はしっぽ。デネブカイトスはくじらのしっぽの星です。頭や胴体は見つけにくいので、デネブカイトスから東の辺りが、くじら座なのだなと思ってください。これは古代エチオピアに送られた化けくじらティアマトの姿です。

秋の星座物語

古代エチオピア王家の物語

カシオペヤ王妃とケフェウス王には、美しいアンドロメダ姫という娘がいました。ある日、カシオペヤは「私の娘は、海のニンフ（妖精）より美しい」と自慢してしまいました。それを聞いたニンフたちは海の神ポセイドンに訴えます。ポセイドンは訴えを聞き、エチオピアの国に怪物の化けくじらティアマトを送り込んで襲わせたのです。ケフェウスが神に祈ると、アンドロメダをティアマトに差し出せば怒りが解けるとのお告げがあり、アンドロメダは、それを知った人々によって海の岩場に鎖でつながれてしまいました。ティアマトが迫り、アンドロメダが恐怖で目をつぶったとき、天馬ペガススにまたがった勇者ペルセウスが通りかかり、ティアマトを大きな岩に変えて海底へ沈ませて姫を救ったのです。アンドロメダとペルセウスはその後、幸せに暮らしました。

PICK UP!

いるか座

わし座アルタイルの東、小さな菱形が目印。菱形の先にしっぽの星もあり、金魚すくいの道具のような星の並びです。星座絵では、頭の大きなタツノオトシゴのような姿。これは音楽の名手アリオンを助けたいるかです。

こうま座

ペガススの鼻先に、小さな馬の星座があります。いるか座の少し下、三角にまとまった星の並びです。子馬については諸説ありますが、定説はないようです。かわいい星座なので、いるか座と一緒に探してみて。

※秋に水にまつわる星座が多いのは、星座の生まれ故郷メソポタミア地方で、太陽がこの辺りにくる頃に雨期が訪れたためです。

冬の星座

[この星空が見える時刻]

11月5日午前3時頃、11月20日午前2時頃、12月5日午前1時頃、12月20日午前0時頃、1月5日午後11時頃、1月20日午後10時頃、2月5日午後9時頃、2月20日午後8時頃

暗い空

星図4-1

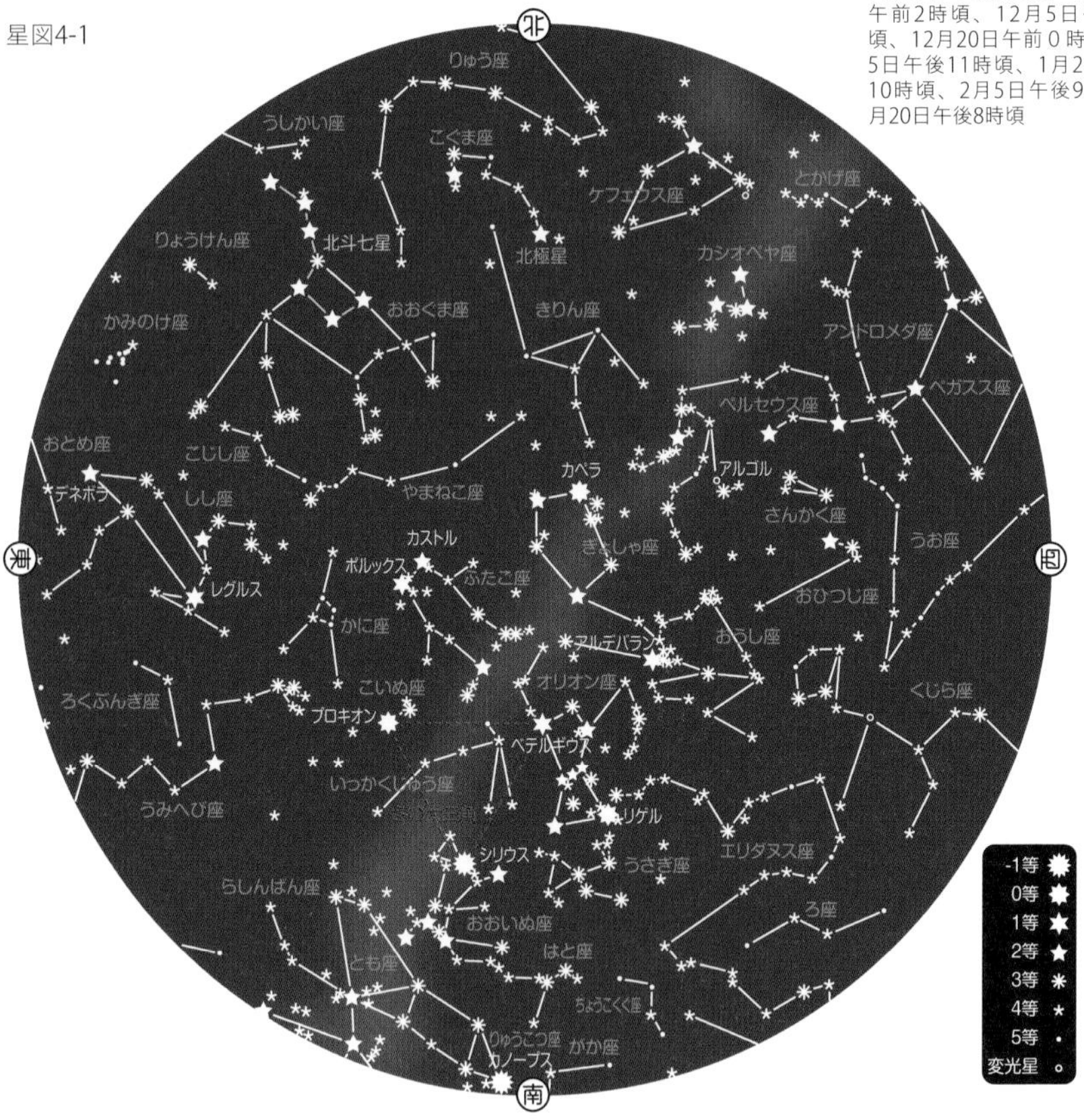

MEMO

落ち着いた秋の星座が西に傾き、東からにぎやかな冬の星座が昇ってきました。冬の星座探しの目印は、なんといっても目立つオリオン座。オリオン座の真ん中に3つの星（みつぼし）がお行儀良く並んでいます。みつぼしを右上に伸ばしていくとおうし座、左下に伸ばしていくと、おおいぬ座があります。おおいぬ座の1等星シリウス、こいぬ座の1等星プロキオン、オリオン座の1等星ベテルギウスが冬の大三角です。

明るい空

星図4-2

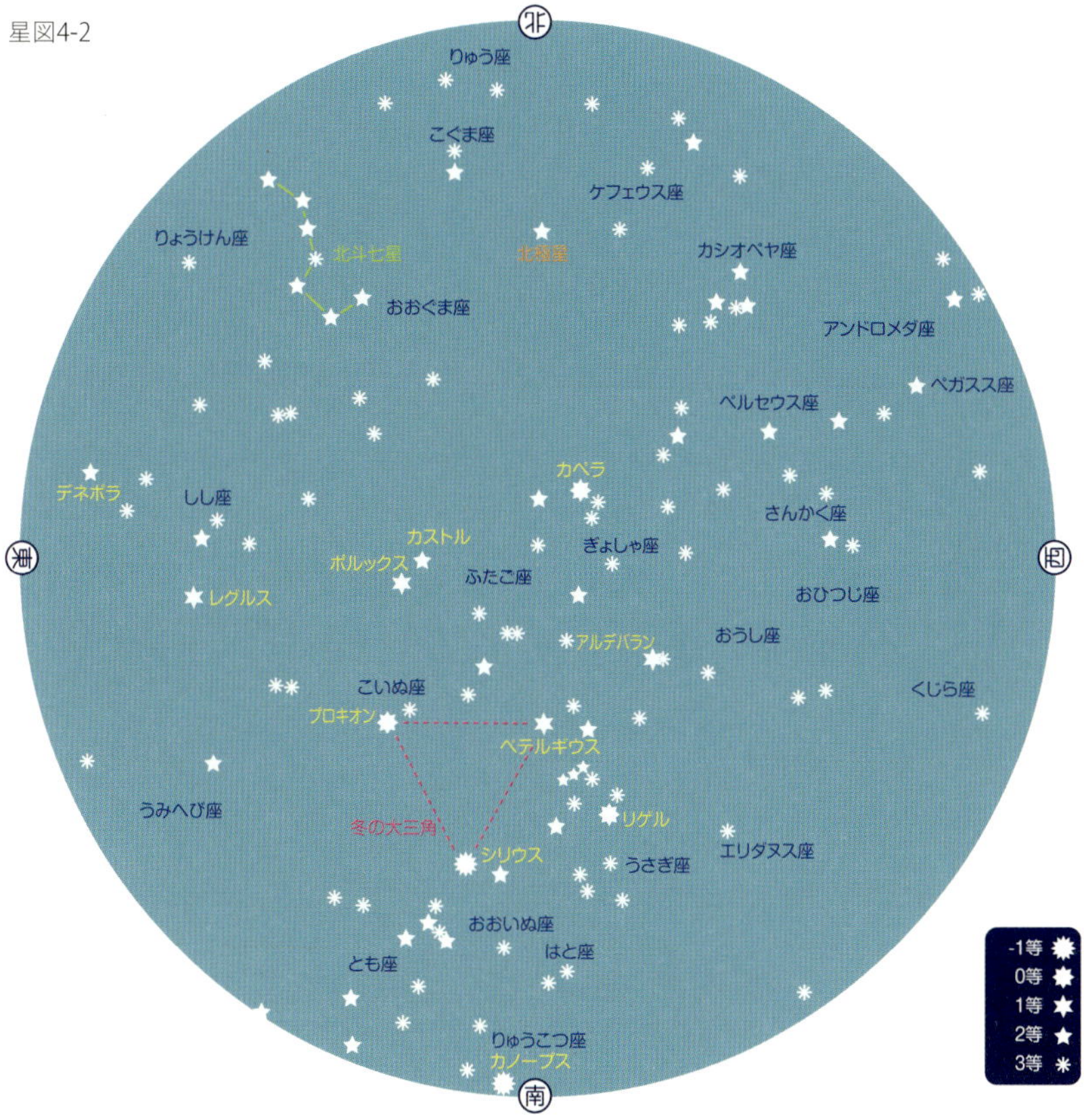

MEMO

星座を作る21ある1等星のうち、7つが冬に見られます。明るい星を見比べると、色も少し違います。色の違いは、明るさの違いよりわかりづらいかもしれませんが、オレンジ色、白、黄色、などさまざまなので、見比べてみてください。最も見つけやすい星座No.1のオリオン座は、地平線近いとより雄大に見えます。オリオン座は1等星2つ、2等星5つと明るく、形も整っているため、街中でもよくわかります。

冬の星座

[この星空が見える時刻]

1月15日午後10時頃、2月15日午後8時頃、3月15日午後6時頃

南の空

暗い空

星図4-3

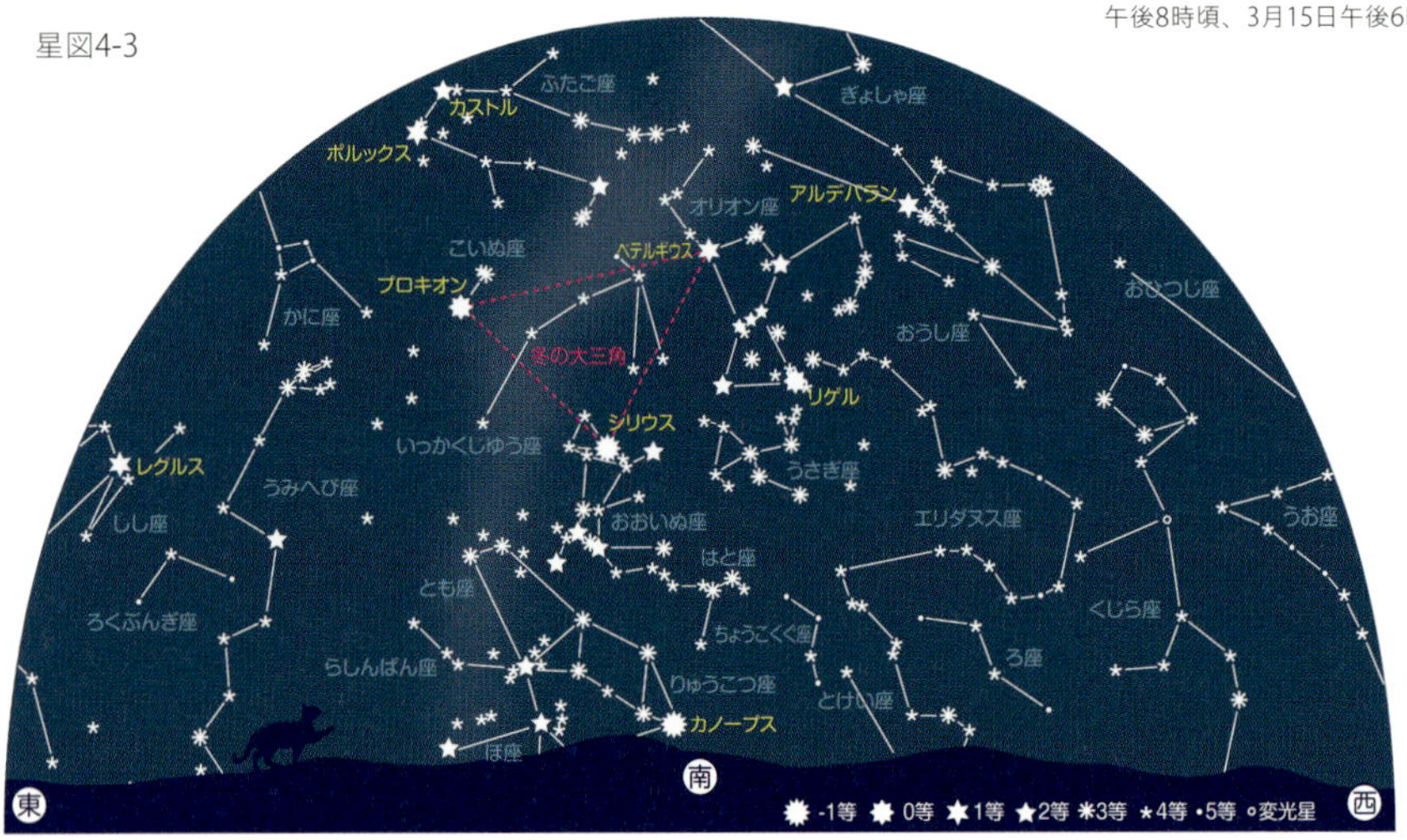

明るい空

星図4-4

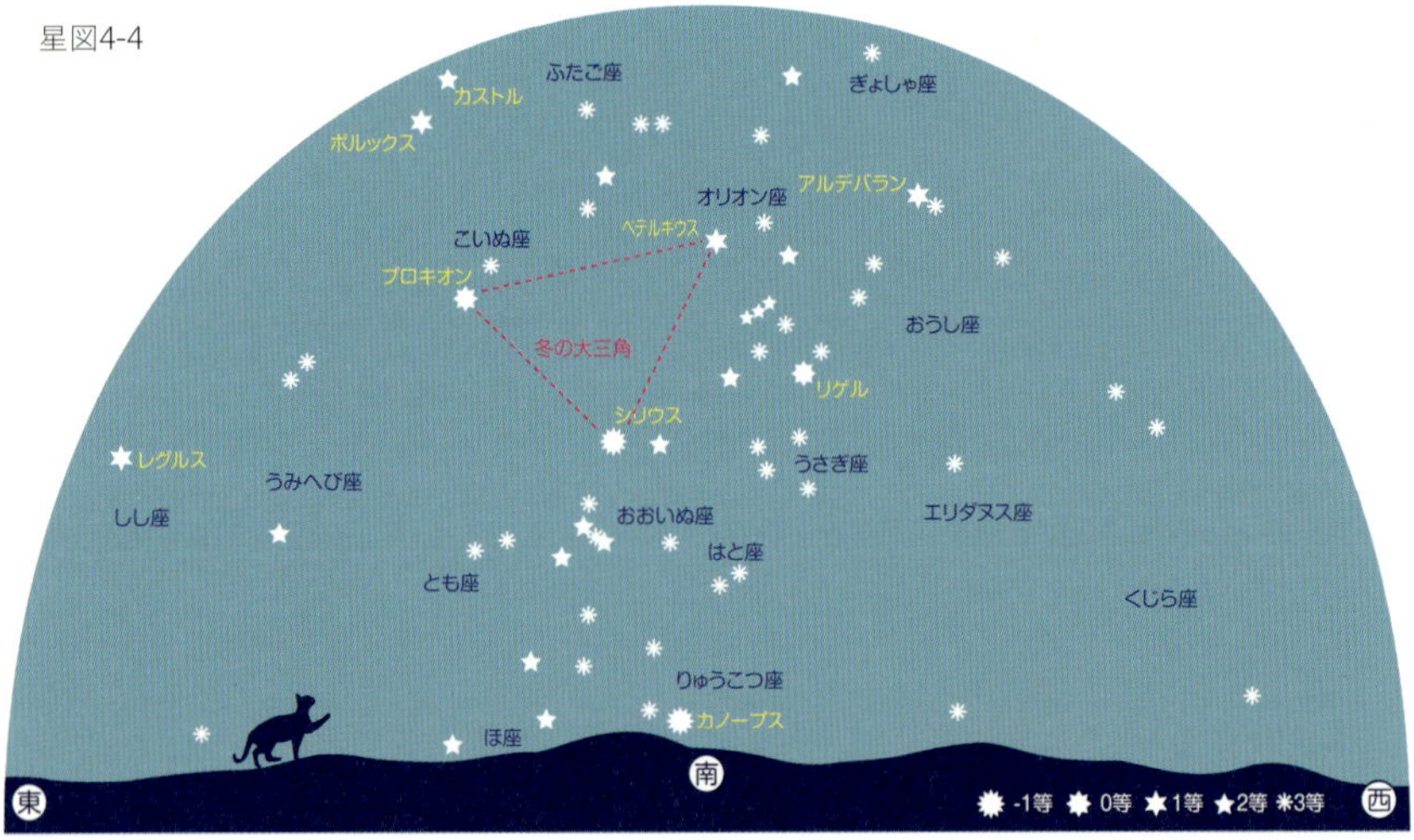

冬の星をたどってみよう

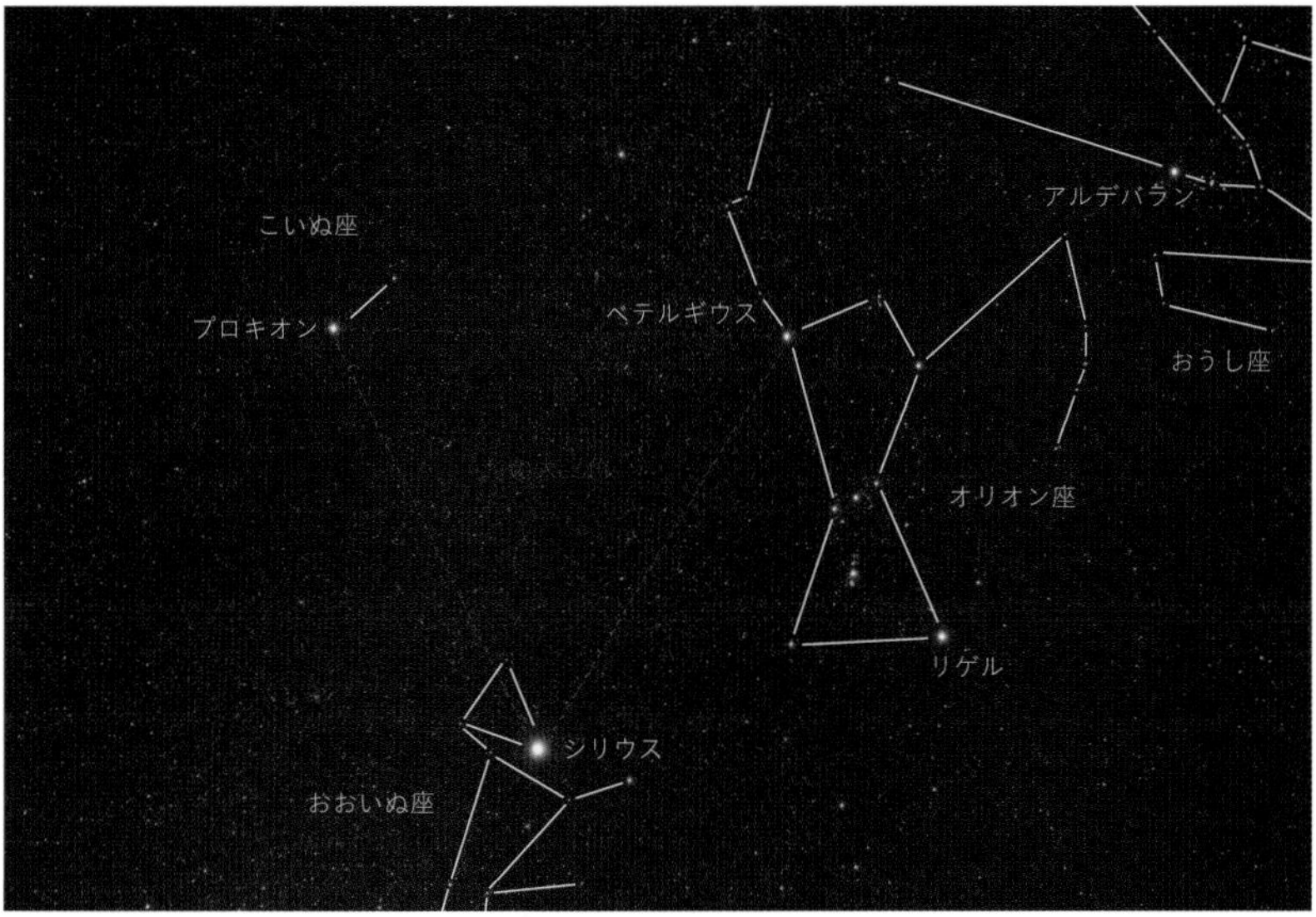

オリオン座は見つけやすい星座の代表。3つ並んだ「みつぼし」を見つけたら、視野を広げていきましょう。低い位置にひときわ目立つシリウスと結んで「冬の大三角」を作ってみてください。オリオン座の西側のおうし座、どこまでたどれるかチャレンジです。

冬の星空の楽しみ方

あたたかな部屋で過ごしていたい冬。でも実は空気が澄んで夜が長く、星を見るにはぴったりの季節です。だから風のにおいが変わって冬が訪れると、ちょっぴりわくわくしてきます。

冬は1年でもっとも明るい星が多く見える季節です。星座を作る星には1等星が21個ありますが、冬はそのうち7個が見えます。明るい星を目印にして、きっと星座も見つけられますよ。あたたかな服に着替えて、星空の下に出てみませんか。街のイルミネーションに負けず、明るい星がたくさん輝いています。

冬の大三角が見つかったら、星図を参考に明るい1等星をつないで大きなダイヤモンドのような六角形を作ってみましょう。オリオン座の左足にある1等星リゲルから、アルデバラン、カペラ、ポルックス、プロキオン、シリウスと6つ、色もいろいろなので、楽しみながらつないでください。

CHECK!

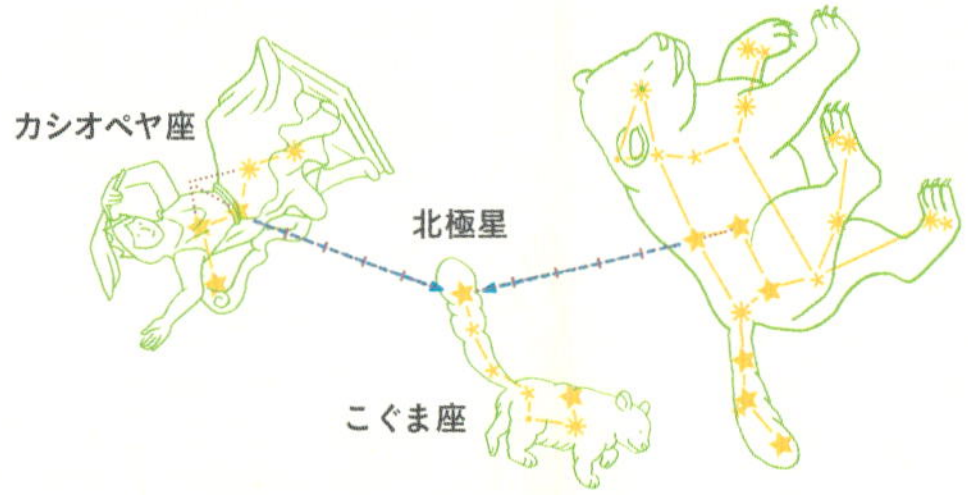

冬の北極星の見つけ方

カシオペヤ座からでも、北斗七星からでも見つけられます。カシオペヤ座から見つける方法は秋の星座（84ページ）、北斗七星から見つける方法は春の星座（64ページ）を参考にしてください。両方からはさみこむようにして探すと、北極星を見つけられるでしょう。

冬の星座の見つけ方

オリオン座

2つの1等星と、5つの2等星が作る整った星座です。明るい星と特徴的な星の並びで、星座を知らなくても、何だろう？　と目につくくらい見つけやすい星座です。初めて覚えた星座がオリオン座という人も多いのではないでしょうか。周りに4つの星が長四角を作り、中に3つの星が等間隔で並んでいます。この3つの星を「みつぼし」と呼んでいます。

左上に赤っぽい1等星ベテルギウス、右下に白っぽい1等星リゲルが輝きます。日本では平家と源氏の赤旗と白旗に見立てて、平家星、源氏星とも。運動会の赤白帽子とも関連がありそうです。

おうし座

オリオン座のみつぼしを右上に延ばしてゆくと、おうし座の1等星アルデバランが見つかります。オレンジ色の明るい星なので、きっとすぐわかります。おうしの右目にあたる星です。そこからアルファベットのVのように星が並び、たくさんの星が散らばっています。これらはヒヤデス星団です。おうしの顔の辺りです。さらに延ばしてゆくと、ごちゃごちゃした星の集まりがあります。街灯りの少ない場所で探してください。この集まりはプレアデス星団、日本名はすばるです。

おおいぬ座

シリウスは目立つので、昔から注目されてきました。5000年前の古代エジプトでは、シリウスが日の出前に昇るとナイル川の増水が始まりました。ナイル川の氾濫は恐怖とともに、豊かな土壌をもたらす恵みでもあり、その時期を教えるシリウスは大切な星でした。シリウスは1年経つとまた同じところから昇るので、当時の人たちはそれを暦としていました。それがローマに伝わり、現在の太陽暦のもととなったのです。

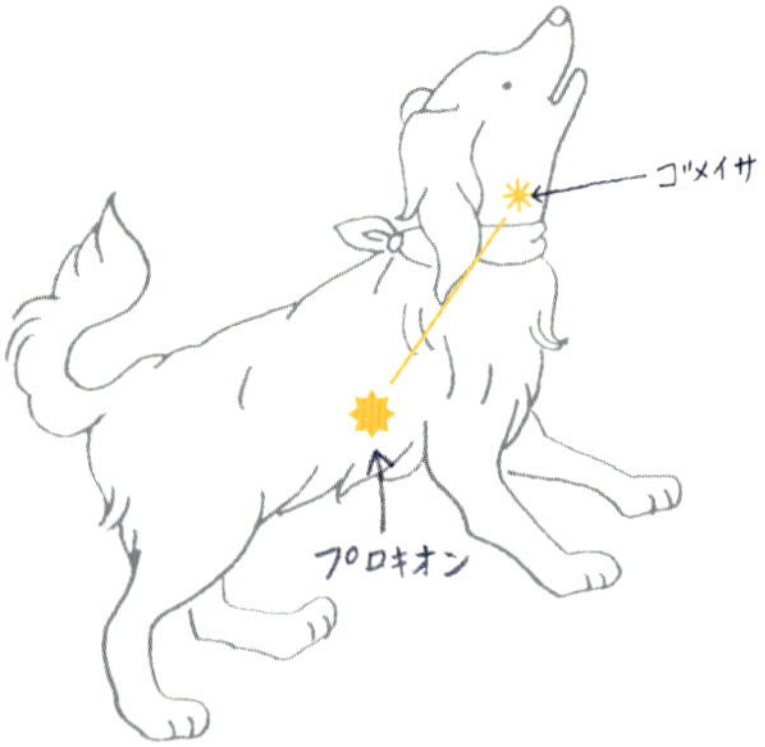

こいぬ座

おおいぬ座シリウスの左上の方に、1等星プロキオンがあります。プロキオンは「犬の前に」という意味。シリウスが昇る時期を知らせる大切な星でした。こいぬ座はプロキオンと、3等星ゴメイサで作られ、ここに犬の姿を見るには相当な想像力が必要です。鹿になった主人をかみ殺してしまったメランポスという犬で、帰るはずのない主人をいつまでも待ち続けています。ゴメイサは「泣き濡れた瞳」という意味の星です。

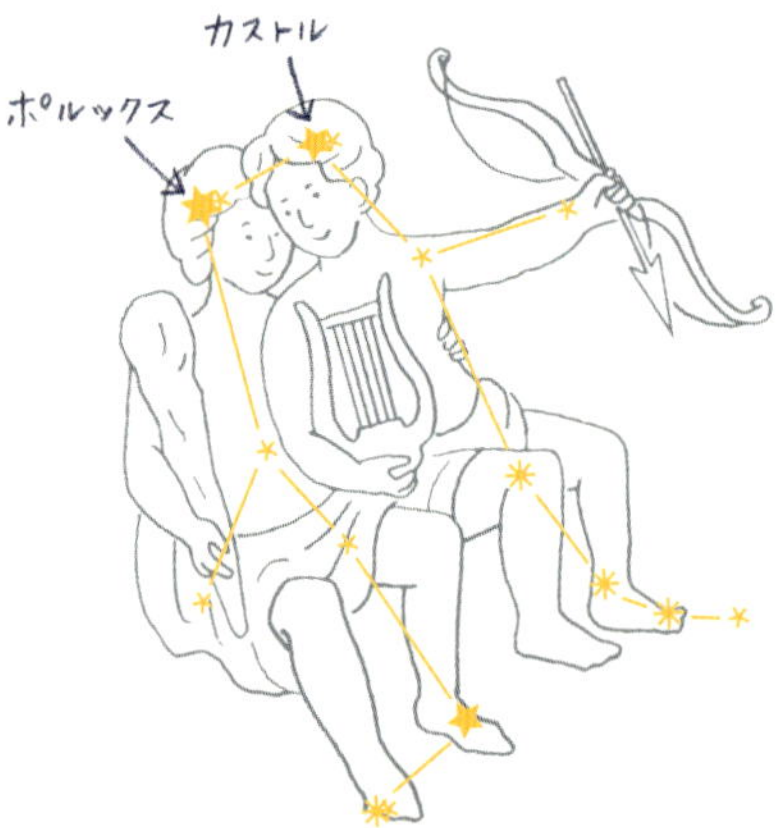

ふたご座

こいぬ座に近い方が弟のポルックスで1等星、もう一方が兄のカストルで2等星です。弟はゼウスの血をひいていますが、兄は人間なのでいつか生を全うする日がきます。それを悲しんだポルックスがゼウスにお願いし、夜空でずっと一緒にいられるようになったそうです。日本には「ねこの目ぼし」という呼び名があります。私は、くるくる表情の変わる猫の目を想像しながら、明るさの違いを楽しんでいます。

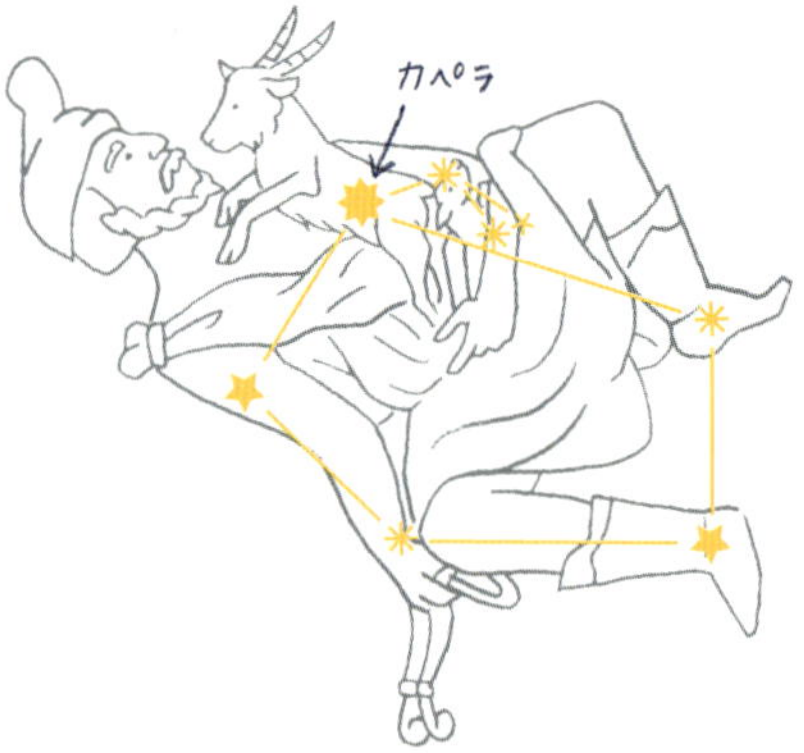

ぎょしゃ座

ふたご座とおうし座の間にある星座。おうしの角の先から将棋の駒のような五角形を描くように星が並んでいます。とても明るいクリーム色に輝いているのが1等星のカペラです。表面の温度が太陽と同じ6000度くらいなので、太陽も遠くから見るとあんな風に見えるのかなと想像すると楽しいです。カペラの意味は「小さなめすやぎ」。星座の絵では、やぎを抱く男の人が描かれています。ぎょしゃは馬車を操る人のことです。

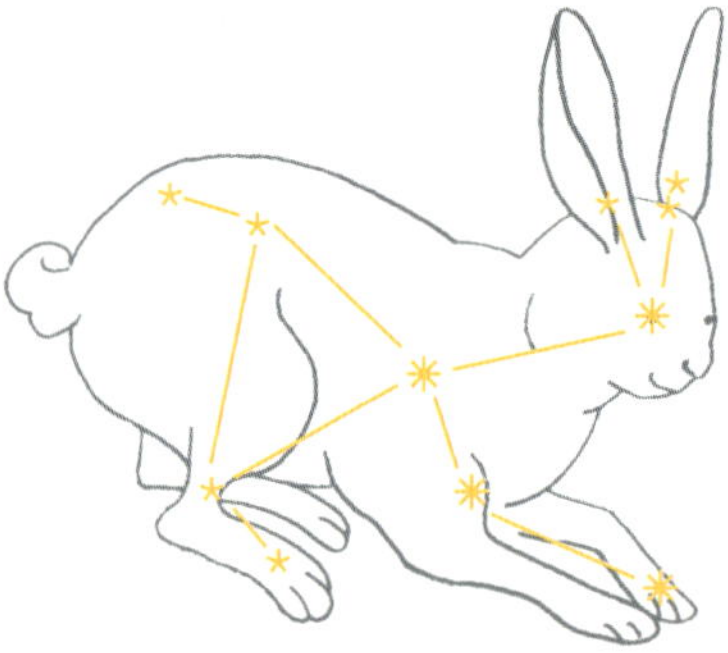

うさぎ座

オリオン座の足元にかわいい星座があります。南で視界がなるべく低いところまで開けた場所で探しましょう。オリオン座のリゲルの下（南）の横倒しのHのような星の並びが、うさぎの体です。ちゃんと耳の星もあります。うさぎの見つめる先にはクリムゾンスター（深紅の星）という6等星があって、うさぎの赤い瞳にもぴったり。クリムゾンスターを肉眼で見つけるのは難しいので、ぜひ大きな双眼鏡で赤い星を探してみてくださいね。

PICK UP!

カノープスの見つけ方

りゅうこつ座の1等星カノープスは、南の空に低く見つけにくいため、見ると長生きできるといわれます。おおいぬ座の前足と後ろ足の先を結び、下へずっと伸ばしていくと見つかります。南へ行くほど見やすくなります。

※私は山に登ったときに見ましたが、地平線に近いため赤く輝いていました。

冬の星座物語

星の一生

冬の夜空に、星の一生を見ることができます。おうし座の角の先「かに星雲（Ｍ１）」は、星が最期に大爆発を起こしたガスの名残り。藤原定家の明月記（１０５４年頃）にも記されています。

ガスの中からは新しく星が生まれます。オリオン座大星雲には、誕生したばかりの青い星たちが見えます。星はまとまって生まれ、プレアデス星団のように少しずつ離れてゆきます。太陽やリゲル、カペラのように長く安定して輝いた後、最期が近づくと膨らんで赤く見えます。ベテルギウスやアルデバランは年取った星たち。いつか大爆発を起こして、そこからまた新たな星が生まれるのです。

オリオンとアルテミス

月と狩りの女神アルテミスは狩人オリオンと親しくなりました。ところが、人間の血が混ざっているオリオンをアルテミスの兄アポロンは快く思いません。ある日、彼は妹に、お前でもあの小さな点は射貫けまい、と挑発します。アルテミスは見事にその光の点を射貫きました。ところが翌日アルテミスが見たのは、岸辺に打ち上げられたオリオンの姿でした。そこにはアルテミスの矢が刺さっていたのです。嘆き悲しんだアルテミスは、大神ゼウスに頼んでオリオンを星座にしました。アルテミスは今も月に一度銀の馬車で夜空を巡るときに、オリオンのそばを通っているのです。

星座以外の星の楽しみ方

流れ星・流星群を見る

月明かりのない晴れた晩、見晴らしのよい場所でずっと空を見ていると、流れ星が見られます。まれにとても大きな流れ星、火球《かきゅう》が見られることもあります。

流れ星の正体は星ではなく、塵のようなもの。猛スピードで地球大気に飛び込み、上空100㎞あたりで大気との摩擦により発光します。飛行機よりは高いですが、人工衛星より低いところで起こる現象です。流れ星は毎日何トンも降っています。

流れ星がたくさん見られる日があります。周期的に地球に近づく彗星が残す塵が流星群（たくさんの流れ星）として見られます。地球が向かう方向から塵が飛び込んでくるので、明け方近い時間の方が見える確率が上がりますが、流星群によりピークは異なります。流れ星が地上まで落ちてくると、隕石と呼ばれます。

主な流星群リスト

- **ペルセウス座流星群**（8月12日～13日頃）
夏休み期間で旅行と一緒に楽しみやすい流星群。夜も過ごしやすい。月がある日は、月のない方角を向いて見ましょう。
- **ふたご座流星群**（12月13日～14日頃）
この流星群で初めて流れ星を見たという人もいました。真冬の夜は冷え込むので、暖かな服装で。
- **しぶんぎ座流星群**（1月2日～5日頃）
四分儀座は、現在のりゅう座辺りにあった、今はない星座です。名前だけがそのまま使われています。
- **しし座流星群**（11月18日～19日頃）
2001年の大出現を覚えている方もいるかもしれません。このごろ数は少ないのですが、いつかまた大彗星が見られるかも。
- **オリオン座流星群**（10月20日～22日頃）
流星の数が増えてきたといわれる流星群です。オリオン座が高くなると見やすくなります。母天体はハレー彗星。

しし座流星群の流れ星

※いつ飛ぶかわからないので、できれば寝袋やマットなどを用意して、夜空全体を見てみてください。
※流星群の情報は、天文雑誌やインターネットなどから入手できます。

彗星を見る

彗星はトレードマークの長い尾から「ほうきぼし」とも呼ばれます。周期的に地球に近づくハレー彗星のような天体もありますが、放物線の軌道を描き、二度と地球に近づくことのない彗星もあります。目で見てわかるくらいの彗星は、大彗星と呼ばれますが、写真とは違ってぼわっと綿菓子が空に浮かんでいるように見えます。でも、次に来る大彗星はまた違った印象で見えるかもしれません。

彗星には発見者の名前が付けられます。ただし最近は観測機器の性能が上がり、アイソン彗星やパンスターズ彗星など、観測機器や発見チームの名前が付けられる機会が多くなりました。

２０１１年にオーストラリアのテリー・ラブジョイ氏が発見した「ラブジョイ彗星」は、名前が可愛いなど明るさ以外にも話題になりましたが「また見られると聞いたのですが？」という質問が結構ありました。確かに見られますが、公転周期はおよそ７００年、次に地球へ接近するのは西暦２７００年過ぎなのです。

彗星のふるさとは、太陽の最も外側にある海王星よりもずっと遠く、オールトの雲やエッジワース・カイパーベルトと呼ばれる場所にあると考えられています。彗星は太陽に近づくにつれ、核となる氷のような塊が溶けて尾を引き、地球の近くを通過することがあれば、私たちも見ることができます。写真では尾の複雑な様子が見られますが、目ではふんわり、ぼんやり。でもとても印象的。大彗星、見られるといいですね。

ヘール・ボップ彗星

日食・月食を見る

日食は、地球から見て太陽が月に隠される現象。太陽はとても大きいのに、地球からは月とほぼ同じ大きさに見える距離にあるために見られる幻想的な天体ショーです。

月食は、月が地球の影に入っていき欠けて見える現象で、起こるのは満月の日です。月食は直接目で見てください。双眼鏡を使うと色彩の変化がより楽しめます。

太陽を見るときは、必ず太陽観察用の専用フィルターを使うか、ピンホールの穴を通して地面や壁に映すなどしてください。黒い下敷きやサングラスは、赤外線を通してしまうので危険です。

以前、私が皆既日食を見に出かけた日は曇天で残念でしたが、皆既中の変化は今でも忘れられません。皆既前には風がひんやりとしてきて、みるみる空が暗くなっていきました。皆既日食そのものは見られませんでしたが、その空気を肌で感じることができました。

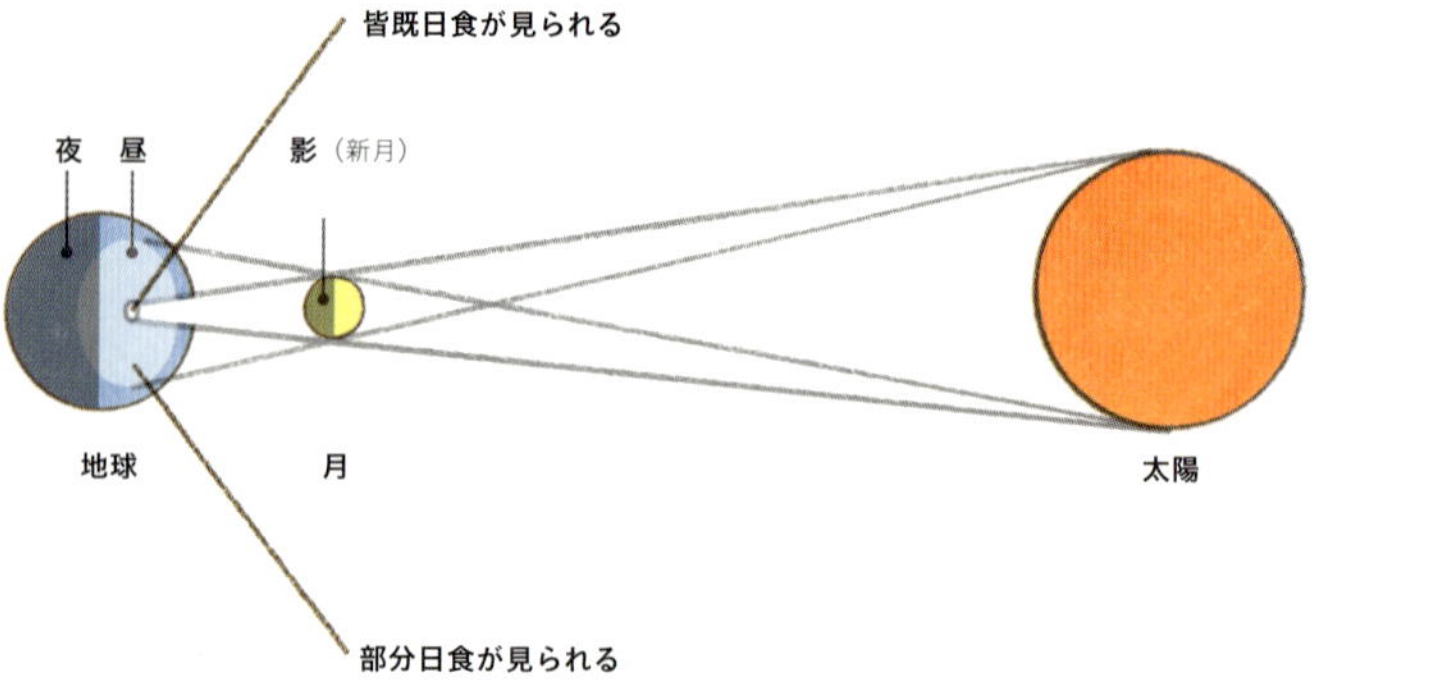

日食

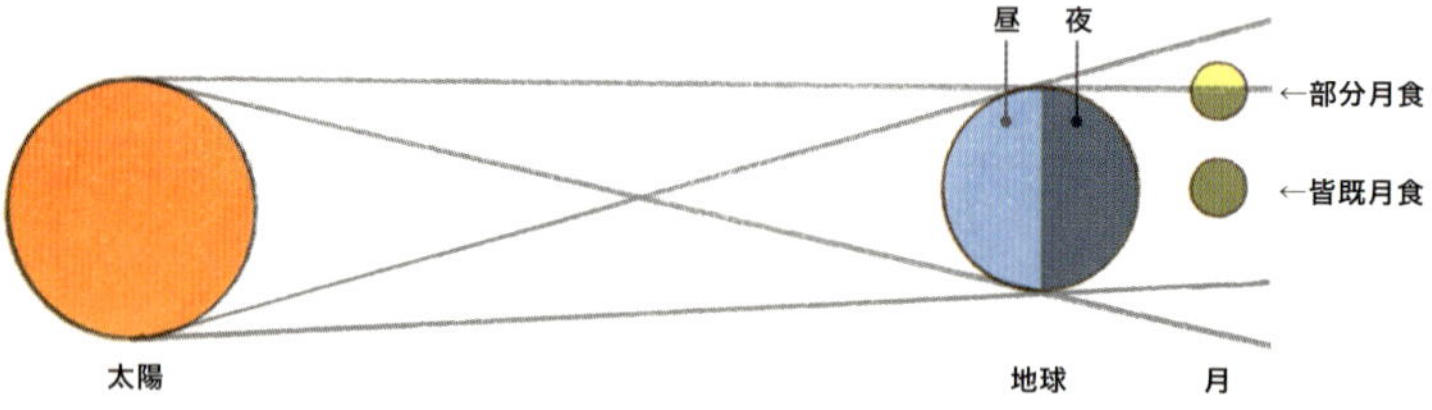

月食

皆既日食

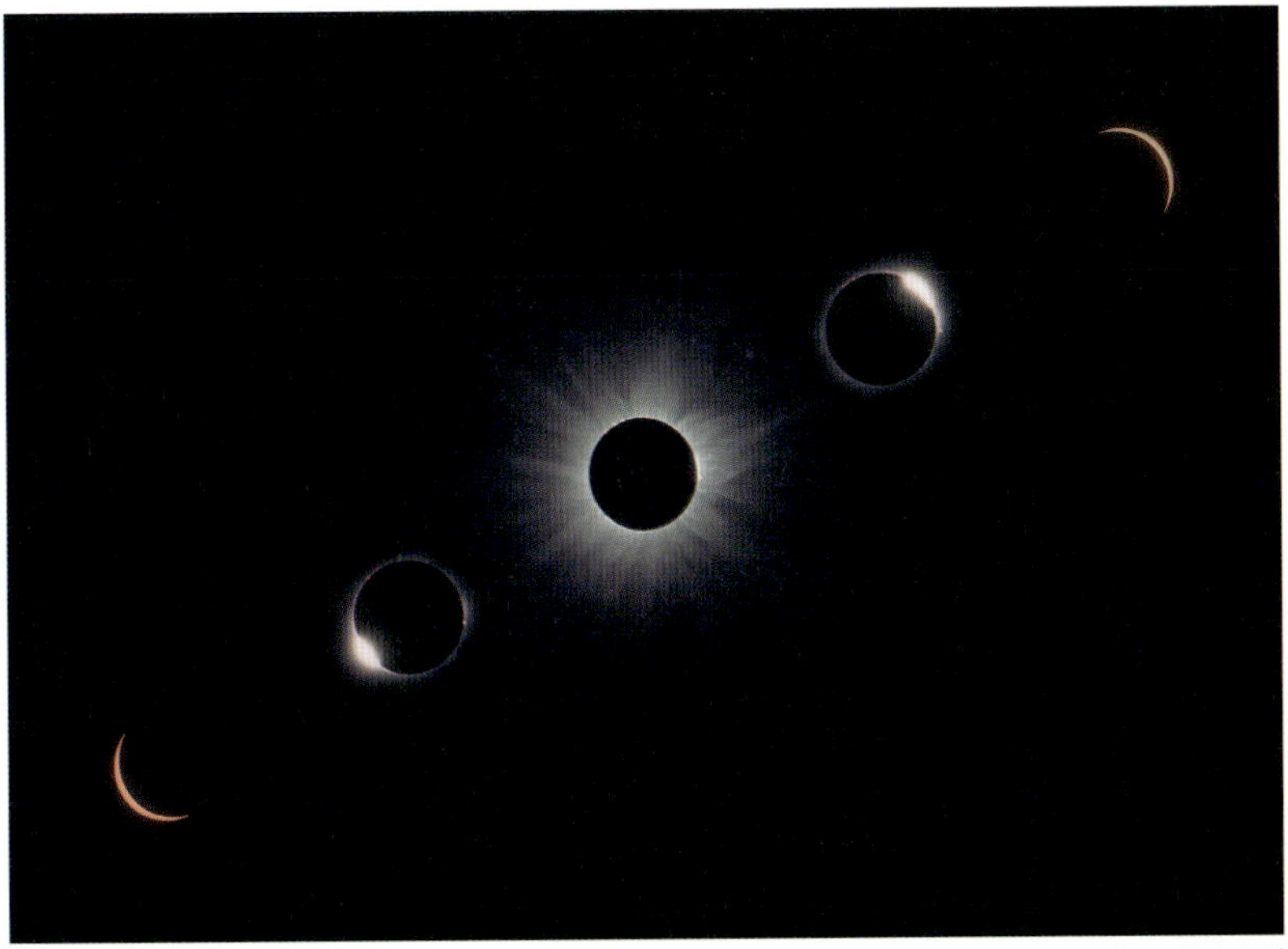

太陽が完全に隠される前後に、月のクレーターの隙間から太陽の光が一瞬漏れて輝きます。この美しい輝きをダイヤモンドリングと呼んでいます。天の岩戸の物語はこの皆既日食を描いたものだといわれます。

金環日食

月の軌道は楕円。月が地球から少し遠いときには太陽を隠しきれず、月の周りに光の環が見えます。

部分日食

太陽が一部隠されます。木漏れ日や小さな穴を通した光が、同じように欠けて見えます。

皆既月食

地球の影に月全体が入ります。地球の大気で屈折した太陽の光が赤く月を照らし、赤銅色に見えます。

惑星を見る

太陽の周りには、地球を含めて8つの惑星が回っています（29ページ参照）。地球に近い5つの惑星は、夕方から夜、明け方の空に、明るく見えることがあります。星座早見に載っていない明るい天体があれば、それはきっと惑星です。「惑う星」と表現されるように、星座の星々の間を動いていきます。そのため昔は天からのメッセージだと考えられました。

「水星」は彗星と区別するため「みずぼし」といわれることもあります。太陽に近いため、すぐに沈み、見る機会は限られますが、案外明るく見えます。なるべく西の空が開けたところで探してみてください。

「金星」は薄暮、薄明の空にひときわ目立ちます。夕方か明け方に見られることから「明けの明星」「宵の明星」と呼ばれることも多いのですが、どちらも金星です。夜明け前の空に見えるときは、はっと目につきますが、暗くなり始めた空に探すのも楽しいです。

夕方の西空、しし座のレグルスの下に、惑星がたくさん輝いています。低い位置には水星も見えています。

「火星」はさそり座の1等星アンタレスと赤さを比較されてきた惑星。地球のすぐ外側を回っていて、数日おきに観察すると星座の星々の間を少しずつ動いていくことがわかります。また地球に近いときにはとても明るく目立って見えます（105ページ参照）。

「木星」は「夜中の明星」と呼ばれるほど明るく夜中の空に君臨し、およそ12年で元の位置に戻ります。夜空では黄色みを帯びて見えます。木星には60個以上の衛星が確認されていますが、中でも特に明るい４つの衛星は小型の望遠鏡でも見ることができます。

「土星」は木星よりもさらに外側を回るため、変化はゆっくりで、およそ30年かけて元の位置に戻ります。黄色またはクリーム色に明るく光って見えます。チャームポイントの環は望遠鏡を使うと見ることができます。

火星は、さそり座のアンタレスと一緒に語られることが多い惑星。アンタレスの近くに来たとき、色の違いを見比べるのも楽しいですよ。

火星の接近

惑星は、楕円軌道を描いていますが、火星は２年２ヶ月ごとに地球へ近づきます。軌道の位置関係によって大きく近づく年があり、そのときは「大接近」といわれます。それなりに近づく「小接近」との明るさはマイナス１等～マイナス３等くらい。接近していない時には１～２等級なので、かなり明るく赤く目立ちます。2018年は大接近が見られる年です。

火星接近表

最接近日	最接近時の火星までの距離	どこに見える？
2018年　7月31日	5,759万 km	やぎ座で−2.8等
2020年　10月6日	6,207万 km	うお座で−2.5等
2022年　12月1日	8,145万 km	おうし座で−1.8等
2025年　1月12日	9,608万 km	かに座、ふたご座で−1.3等
2027年　2月20日	1億142万 km	しし座で−1.2等
2029年　3月29日	9,682万 km	おとめ座で−1.3等

表の出典：「惑星のきほん」

ISS（国際宇宙ステーション）の軌跡

人工衛星を見る

地球の周りにはたくさんの人工衛星が回っていて、天気予報やＧＰＳなど、私たちの生活を便利にしています。人工衛星は太陽の光を反射して、地上から見えることがあります。飛行機とは異なり、夜空の星がすーっと動くように見えます。ほぼ予報通りの方角から明るく見え始め、数分でふっと見えなくなります。国際宇宙ステーションの見える時刻と方位は、この下にあるＪＡＸＡのホームページで調べてくださいね。

ISSとスペースシャトル

2011年7月、スペースシャトル「アトランティス」は最後のフライトを終えて地球に帰還、およそ30年の歴史に幕を閉じました。アメリカのNASAが開発、計135回16カ国355人（うち日本人7人）を宇宙に運びました。使い切りではなく何往復もできる有人宇宙船で、地球軌道に物資や人を運びました。国際宇宙ステーション（International Space Station、以下ISS）の建設でも活躍しました。

ISSは巨大な有人宇宙施設です。世界15ヶ国が国境を越えて建設しました。上空400km辺りを、時速約2万8000kmで飛行、地球を90分で一回りします。宇宙飛行士が長期滞在し、現在さまざまな実験や研究を行っています。

http://kibo.tksc.jaxa.jp/

JAXAの宇宙ステーション・きぼう広報・情報センター　ISSを見ようページ

Column 3

スマートフォンのアプリ

スマートフォンには、便利な機能が色々あり、利用する人が増えました。星空で使いたいという声も多く聞かれるので、少しご紹介しておきましょう。無料のアプリケーションもたくさんあります。色々試して自分に合った使いやすいものを見つけてください。でも便利だからと使いすぎると、電池切れの恐れも。バッテリー充電は忘れずにしておきましょう。

星座早見のアプリでは、方位や星、星座、人工衛星の位置も調べられます。空に向けると、今見えている星や星座を示すアプリもあり、スマートフォンで大体の見当をつけながら、星座を確認するという使い方をしている人もいます。星座を覚えるための、星空の小さなナビゲーションシステムとして利用するのも楽しそうです。画面が明るいので、星空の下で使う場合には、赤いセロファンを巻くか、ナイトモードにしましょう。

夜寝るときにスマートフォンを天上に向けてアプリを使うと、星座が次々と表示され、夜空を眺めている気分に浸れます。

スマートフォンのアプリを一部ご紹介

- 星座早見アプリ「Google sky map」、「Star Walk」、「Starmap」、「星座表」「ｉステラ」「Meteo Earth」「月の満ち欠け」「Sky Guide」など
- 人工衛星の軌道がわかるアプリ
  「ToriSat AR-国際宇宙ステーションを見よう」、「Satellite AR」など

他にも、方位磁針として使えるアプリ「コンパス」や、月面（クレーターなど）リアルに見ることができる「Moon Globe」、惑星の軌道がわかる「Planets」、NASA（米航空宇宙局）が提供する情報を閲覧できるNASA公式アプリなど、たくさんあるので検索してみて。

※機種によって、使用できるものは異なります。

4

満天の星が見たい

ときには日常を離れて、満天の星が見られるところへ遠出してみませんか。暗い星まで輝いて、星座を見つけるのに苦労するくらい空いっぱいの星に浸っていると、小さな悩みなんて吹き飛んでしまいます。

遠出して星を見る楽しみ

「満天の星が見たい」そう思ったら、星がたくさん見られる場所へ出かけませんか。

場所によって見える星の数は変わります。星は夜に見えるので、一晩中外で過ごせるといいですね。宿泊施設のある場所へ行くと、寒いときや疲れたときに休めて便利です。観光地だと灯りが多く星が見えづらいこともありますが、満天の星が見られる所もあります。

車なら、ドライブを兼ねて出かけませんか？　晴れた晩に思い立ってそのまま出かけられるのは、車のよいところ。上着やオーバーパンツ、温かい飲み物など、どんどん積み込んで出発です。街の日常風景から意識を夜空へ変えると、案外星が綺麗に見られるスポットが見つかります。よく知らない場所へ行く場合には、何人か誘い合って行くと安心です。温泉やお風呂が借りられる場所なら、冷えた身体を暖めてから帰りませんか。日本ならではの楽しみ方です。

チェックしたいこと

□月明かりのない晩

満月の日は、山道を月の光で歩けるくらいの明るさ。繊細な星の光を見るときには月の出ていない晩を選んで。

□天気予報を確かめる

晴れていないと星は見えないので、インターネットなどで行き先の天気を調べておきましょう。

□日の入りの時刻を確かめる

季節によって、日の入りの時刻は大きく違います。予定を立てる前に確かめましょう。

□翌日がお休みの日を選ぶ

星は夜に見るので、翌日ゆっくりお休みできる日がいいですね。

□冬は見応えあり

厳しい寒さは覚悟の上ですが、冬は湿度が低く星が綺麗に見えます。明るい星も多いです。でも、夏の夜の過ごしやすさも捨てがたいですけれどね。

場所選びのポイント

□民家などの照明がなく、見晴らしがよい

建物や木があると、見える空の範囲が狭くなります。なるべく視界の開けた場所を探してみましょう。

□トイレがあり、車が停められる

トイレがあるかは、大切なポイント。駐車場があるかも確認を。夜空を楽しむ人が集まる場所だと安心です。

山の中の駐車場

車で出かけるなら、駐車できて星も楽しめる駐車場がおすすめ。事前に場所をチェックしておきましょう。

キャンプ場

オートキャンプ場なら車で乗り入れできるので、荷物の運搬を気にしないで気軽に出かけたいときも便利です。

海・湖畔

波音をバックに広い空を眺めたい。海は意外と灯りがあるので、日の入りや明るい月を眺めるのがよさそうです。

ロッジ・ペンション

食べ物も自然も楽しみたいときに。時間を気にせずゆっくりできて、休める布団があるのも嬉しいです。

山小屋・休暇村

空気の澄んだ山小屋で見る星空はとても綺麗。翌朝の日の出もすがすがしいです。

山や高原

関東でも、山に登ったらカノープスが見えました。山の天気は変わりやすいので注意しましょう。

出かける前に

よし今夜は星を見に出かけよう！　と思ったけれど、どんな準備をしたらいいのか、何が必要なのかわからない。そんな人も多いと思います。ここで、一度ゆっくり確認しましょう。

・街灯りが少なくて、なるべく空の開けた場所を目的地に決めましょう。電車の場合、帰りの時刻表のチェックが必須です。車の場合は、目的地の駐車スペースの目処を立て、ガソリン満タンで行きましょう。

・今夜は晴れていますか？　晴れていなければもちろん星は見えません。また天候の変化に備えるためにも、天気図や予報を必ず確認しましょう。

下には、持ち物を書き出してみました。行き先や季節などによって必要なものは変わってくると思います。これも持っていきたい、というものがあったら、このページのメモ欄をノート代わりに使ってくださいね。54・55・117ページも参考にしてくださいね。

持ちものチェックリスト

memo

- □この本
- □懐中電灯
  （赤セロファンも用意）
- □虫除けスプレー
- □食べ物と飲み物
- □ごみ袋
- □レジャーシート
- □双眼鏡
- □ブランケット
- □カイロ

満天の星を楽しむ手引き

満天の星とは、空いっぱいの星のこと。街中で見慣れた星空とはあまりに違って圧倒されます。私たちは自然の一部なんだとしみじみ感じる瞬間です。

よく見ると、見慣れた星座の周りにも、たくさんの星があることに気づくことでしょう。暗い星でできている星座も見つけてみませんか？　星雲もぼんやりと見えるので、探してみましょう。

満天の星が見られる場所では、天の川が見えます。まだ天の川を見たことがない人もたくさんいるかもしれませんね。街中では厳しいですが、条件のよい空では、今でもちゃんと見えています。天の川は冬よりも夏の方が明るく見えるので、夏休みの旅行で山や高原へ出かける機会があったらぜひ外に出て見てみてくださいね。年配の方にお話を伺うと、昔は東京でも天の川が見えたそうです。綺麗な星空がいつか戻りますように。

注意すること＆マナー

- □防寒対策はとにかくしっかりと
- □大声でおしゃべりしない
- □スマホのバックライトはとても明るいと心にとめて
- □フラッシュ撮影はしない
- □ライトは必ず赤いものを
- □光はまず下に向けてから点ける
- □写真撮影している人に近づかない
- □危ないので走らない
- □車を発進させるときはひと声かけて
- □帰りは何も残さないように再確認
- □三脚は大きく広がっているので足元注意
- □ひとけのない場所には、必ず数人で

見るときの服装（アウトドア編）

アウトドアでは、目的と行き先に応じた装備をしましょう。星空を楽しむ場合、服装はとても重要です。寒かったら、のんびり星を見ていることなどできませんし、風邪をひいてしまいます。左ページのイラストを参考に、頭、首周り、体、手袋、足元、と確認してみてくださいね。座ったり、荷物を持ったりすることも多いので、服装は少しゆとりのあるサイズを選ぶと疲れにくいと思います。首と名の付くところは、とにかく暖かくしましょう。ペットボトルを湯たんぽ代わりにするのもおすすめです（116ページ参照）。

　そのまま座っても、地面や葉っぱで濡れることがないよう、できれば防水性の高いパンツやシューズをはいていくと、気に入った場所を見つけたらそのまま座って星見を楽しめます。

　冬はもちろん、夏でも星が綺麗に見えるような場所では、夜は思ったよりも冷え込みますので要注意です。コーディネートが気になるかもしれませんが、星を見るときはとにかく暖かさと機能性最優先です。体温調整のため、暖かく薄くて軽い上着を何枚も持っていくといいと思います。

　昼間の自然観測でも役立ちますので、雨用のパーカーも持参しましょう。小雨の時は、大きめのパーカーとオーバーパンツを、着ている服の上からそのままざくっと着込みます。足元も見逃しがちですが、とても大切なポイントです。靴は冬用のブーツや登山用の靴など、厚手の靴下と併せて多少の雨や雪に備えてくださいね。カイロや帽子、手袋やネックウォーマー、レッグウォーマーやタイツ。少し大袈裟なくらい暖かくしておくと、安心して星空と向き合えます。

　なお服装とは関係ありませんが、万が一のため、カメラだけでなく、携帯電話のバッテリーも充電できるように準備しておくと安心です。

星見アウトドアファッション

星見は夜なので、寒さ対策が一番大切。
体温調節できるようにアウターで工夫して、
どこに座ってもOKな色と素材を選びましょう。

春は花冷えに気をつけて

日差しが暖かくなり、鳥も草木も虫もぐんと外に出たくなる季節。明るい色を身につけて太陽の光を浴びた後、夜は花と一緒に星を眺めませんか。急な雨や朝晩の冷え込みに対応するため、冬服もまだ活躍するかもしれません。

夏は通気性と速乾性を重視

昼間の太陽は暑くて汗をたくさんかきますね。そのまま冷えると体調を崩しやすくなります。また、夏でも夜は冷えることがあるので、なるべく肌の出ない服装にしましょう。夜まで外で過ごすときは、インナーの着替えを持参すると安心です。

秋は足元に気をつけよう

紅葉の美しい季節。葉の落ちた足元は、しっとり湿り気を帯びているので、もし持っていたら防水の靴を履くことをオススメしたいです。しとしと雨に備えて、小さく畳んだパーカーをバッグに入れておきましょう。

冬はとにかく暖かく

冬はともかく暖かさ最優先。一番外側に大きめサイズの上着を羽織ると、暖かな空気を包み込んでくれます。私はレッグウォーマーの内側にもカイロを貼り、上着の大きめポケットに赤ライトなど道具を詰めて、ふかふか手袋で観望します。

星見キャンプに行こう

自然の中で星空を楽しみたいけれど、どうしたらいいかわからない、という人も多いかもしれません。星は夜に見えるので、翌日を気にせず楽しめるといいですね。星空がきれいに見られる時間帯は深夜、個人的には2時頃から明け方の星空がきれいだと感じます。街の灯りがほとんど消えて、空が暗くなり、星が一層輝いて見えます。そのまま日の出まで楽しみたい。ならば星見キャンプはいかがでしょうか？

星を見るのに特別な道具は要りません。ふつうのキャンプと同じような持ち物で十分ですが、夜に外で星を見ることを想定しましょう。左ページのイラストのほか、54〜55ページの星を見るときに持っていきたいものも参考にしてくださいね。なお、沸かしたお湯をペットボトルに入れると簡易湯たんぽにもなります。

でもせっかく遠出して星を見るなら、双眼鏡やカメラがあると、楽しみの幅がぐっと広がります。もし機材に詳しい人が近くにいたら、使い方を教えてもらえるといいですね。自分で自由に使いたくなったら、一台奮発して購入すると、これからずっと旅のお供をしてくれます。

また、じっくりと目で観察することもおすすめです。双眼鏡や望遠鏡を使ったときにも、ぜひ試してみてください。たとえばスケッチブックに月を描いてみると、いつもより細かなところまで見えてきます。写真ではなく、目で見るものをスケッチすることがポイント。細部をより細かくじっくり見たりと、写真を撮るときとは見え方が変わります。持ち物には、スケッチブックと鉛筆も加えたいです。

いつもと違うことをひとつ取り入れてみるのも楽しいです。本格コーヒーをいれるのも案外おすすめで、山と珈琲は相性抜群、だと私は思っています。新鮮な湧き水での野点《のだて》（屋外でのお茶会）も好評でした。

キャンプの持ち物

**ずっと満天の星の下にいたかったら、
星見キャンプをしてみませんか？　まずは近場の
キャンプ場で練習してみるのがおすすめです。**

テント

荷物を置くだけなら、ワンタッチのものでも十分。休憩するなら、中に厚手のシートを敷きましょう。

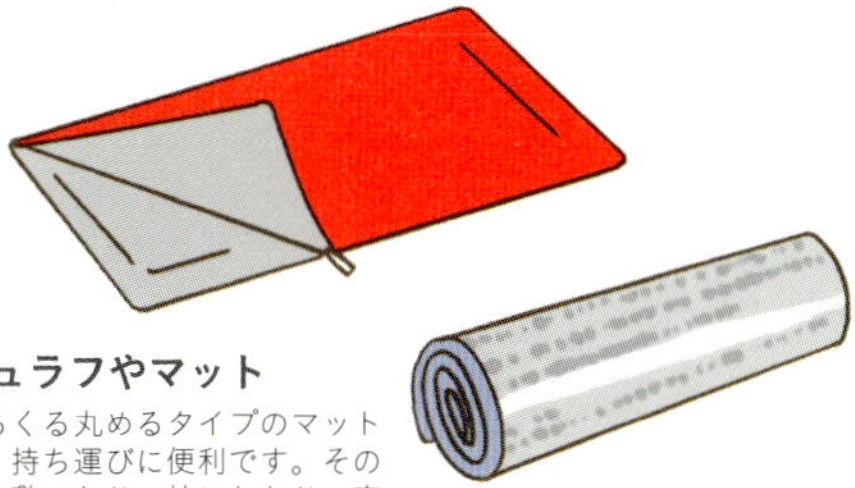

クーラーボックス

夏は特に冷えた飲み物やフルーツがあると嬉しい。

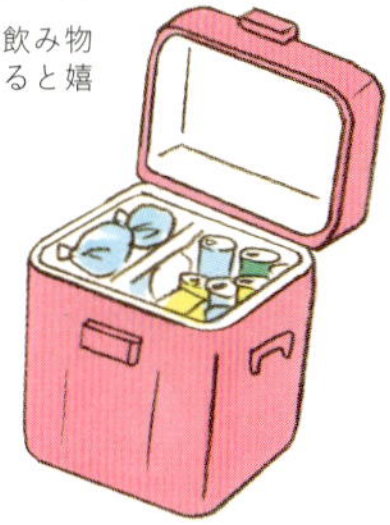

シュラフやマット

くるくる丸めるタイプのマットは、持ち運びに便利です。そのまま敷いたり、枕にしたり。車に積んでおきましょう。

ランタン

灯りは必需品。ランタンがなければ明るいライトにレジ袋をふんわりかぶせると、光がやわらかく広がります。

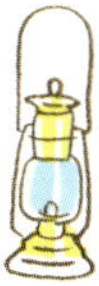

コンロ

料理をするなら持参しましょう。汁ものは体が暖まります。

テーブル・椅子

快適に食事ができます。テーブルの真ん中に小さな灯りを灯して、ゆっくり語り合いたいです。

炊事道具

これも必需品。でも、なるべく下ごしらえして、ごみが出ない工夫をして行きましょう。

コーヒーやお茶道具

歩き疲れたとき、温かな飲み物が癒してくれます。ゆっくりお湯を沸かし、自然に囲まれてほっとひと息。

星見キャンプのススメ

まずは行き先選びです。ひとくちにキャンプ場といっても、タイプや立地はさまざまです。星を見る目的ならもちろん灯りが少ないキャンプ場を選びたいですが、行ってみないとわからないことも多いもの。いろいろと行くうちに、お気に入りのキャンプ場ができるといいですね。

キャンプ場の中には、自分でテントを持っていって張るところから、コテージを借りてそのまま休めるところまで、さまざまなタイプがあります。いろいろと準備するのが難しそうという場合には、休む場所はもちろん、ＢＢＱセットまで貸し出してくれるようなキャンプ場なら安心です。まずは手ぶらで始めて、少しずつ慣れていくと、自分に合った道具がわかってきます。

力のある男性でも、初めてのテント設営には時間がかかると思います。でも一度テントを張る経験をしておくと、コツがわかってだんだん手早くできるようになるはずです。あまり荷物を増やせないときには、ワンタッチのテントにシュラフというのも、身軽で便利です。なお、テントで寝ると、結構地面の固さがダイレクトに響いて、背中が痛くなることがあります。厚めのマットを敷くことをおすすめします。左ページの重ね方も参考にしてください。

テントの準備ができたら、あとは星見の準備です。ＢＢＱができるようなキャンプ場では、周りの灯りが気になるかもしれません。そのときは、少しキャンプ場の灯りを避ける場所に移動して、星空を堪能しましょう。ただし、あまり遠くへは行かないように気をつけてくださいね。安全に楽しむことも大切です。

街灯りのない場所で見る星空に、きっと圧倒されることでしょう。

星見キャンプのコツ

星見キャンプでシュラフは必須。
シュラフに入ってぬくぬく星見、
シュラフから出てゆったり星見、どちらもおすすめ。

マットとシュラフの重ね方

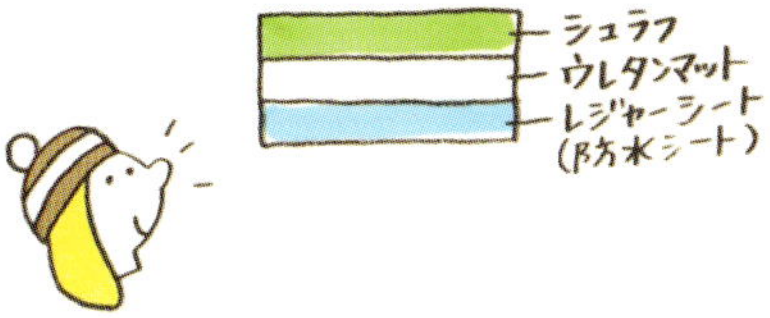

シュラフで寝ると、地面の固さがダイレクトに背中へと伝わって、だんだん痛くなってくるかも。薄手でもいいので、ウレタンマット等を重ねることをおすすめしたいです。地面の湿気が伝わらないよう、一番下には防水シートを敷きましょう。

封筒型のシュラフがおすすめ

身体を包み込むタイプよりも、封筒型のシュラフの方が便利だと思います。もこもこの服を着込んだまま仮眠を取り、そのまま出入りしやすいのも利点のひとつ。下に敷いたり、ばさっと羽織ったりなど工夫して使えます。

地面に座って星見するとき

荷物を減らしたい、でもゆっくり星空を眺めたい…ということもありますよね。立ったままだと疲れるので座って楽しみましょう。小さなレジャーシートを持ち歩くと役に立ちます。もし雨用の防水パンツがあれば、上から履くとそのまま座れますね。

イスに座って星見するとき

車など、多くの荷物を運べる人ならば、折りたたみのイスを持って行きませんか。背もたれつきのキャンプ用チェアなら、地面に座るより長く疲れず星空を楽しめます。移動しやすいことも利点のひとつです。シュラフを膝掛け代わりに使うなど工夫して。

星見キャンプ＋αの楽しみ

星見キャンプでは、気持ちもゆったり星を楽しみたいもの。設営や片付けを考えて、できれば2泊3日あるとゆっくり楽しめます。

ルーペや双眼鏡、ライトなどは、昼間の自然観察に役立ちます。足元の苔や花、石などをじっくり観察してみると、地球が誕生してからの歴史を辿るような気持ちになることもあります。小さな図鑑を持って行くと、楽しみの幅が広がりますよ。また双眼鏡は鳥を眺めたり、遠くの景色や木の高いところにある葉を見てみたりするときに便利です。双眼鏡やライトはそのまま夜の星見にも役立ちます。

山に雲がかかっていたり、入道雲が出たときは、天気の崩れるサインです。飛行機雲がきれいにすぅっと見えるのも、大気に水分があるためなので、低気圧や前線が近づいているとわかります。また、夕焼けの色にも注目です。季節により色合いも変化しますが、特に春と秋は、西に雲がなくきれいな赤に見えたときに、翌日は晴天が期待できることが多いです。天気は西から崩れるためです。

くもの巣が苦手な人も多いと思いますが、朝露がついたら晴れだとか。高気圧に覆われ、朝型に冷えて霧が出るために、きらきらと光って見えるそうです。翌日が晴れだと、えさを取るためにせっせと巣を張るなど、教えてもらえることもたくさんありそうです。

自然の中で過ごすのは、とても気持ちがよいもの。朝や昼間は、散歩をしながらどんぐりや小さな虫を探したり、鳥の声に耳をすませたり。

＋αのおすすめ！

昼間は太陽の下でアウトドアを楽しみたい。
都会と違う新鮮な空気をいっぱい体に入れてリフレッシュ。
昼も夜も、晴れるといいですね。

山登り

少しずつ植物や空気が変化して奥深い。トレッキングを楽しむのもいいですね。雲取山では山小屋泊、朝日を眺めてから下山しました。がんばって登頂したとき、眼下に広がる光景は最高のプレゼントです。

自然観察

季節によって風景も風のにおいも違うから、どの季節に行くかで楽しみも変わります。植物や虫、鳥の観察も面白いですよ。虫眼鏡と双眼鏡があると楽しさ倍増です。

食事

自然の中で摂る食事は格別です。おにぎりやサンドイッチなど手軽なものでもおいしい。スープがあると、芯から温まります。食材はカットして持参するなど、ごみが出にくい工夫を。

温泉

私は北海道の山の中で、露天風呂に入りました。周りは雪で、最高の星空でした。星を見ながらの温泉は難しいとしても、星を見た後の温泉もいいですね。心も体もぽかぽか温まります。

Column 4

南十字星を見たくなったら

南十字星とは、みなみじゅうじ座にある4つの星の並びのこと。88ある星座の中で一番小さいですが、北半球では見えないため、あこがれる人が多い星座です。私はハワイで見ましたが、実は日本でも波照間島などでは見ることができます。冬の明け方や春の宵など、見える季節を確認してから出かけましょう。天の南極に近いため、南へ行くほど高くなり、オーストラリアやニュージーランドでは、1年を通して見ることができます。似たような星の並びがあって戸惑うかもしれませんが、南十字星の特徴は、4つの星の合間に小さな星があることです。

4つの星の間に小さな星があります。左下の黒い部分は写真の汚れではなく暗黒物質。石炭袋と呼ばれます。

ところで、北半球には「北十字」と呼ばれる星の並びがあります。夏の大三角の星のひとつ、はくちょう座のデネブを含む星の並びです（77ページ参照）。夏は高く昇っていますが、12月下旬頃には西の空低く見えます。南十字星を見に出かける前に、北十字も探してみてはいかがでしょう。

5

星空の写真を撮る

見えないものが見えてくるところも写真のひとつの魅力ですが、撮影した人の気持ちが伝わってくるような写真は本当に素敵です。星と風景が写り込んだ幻想的な星夜写真や星空を撮影できたら嬉しいですね。

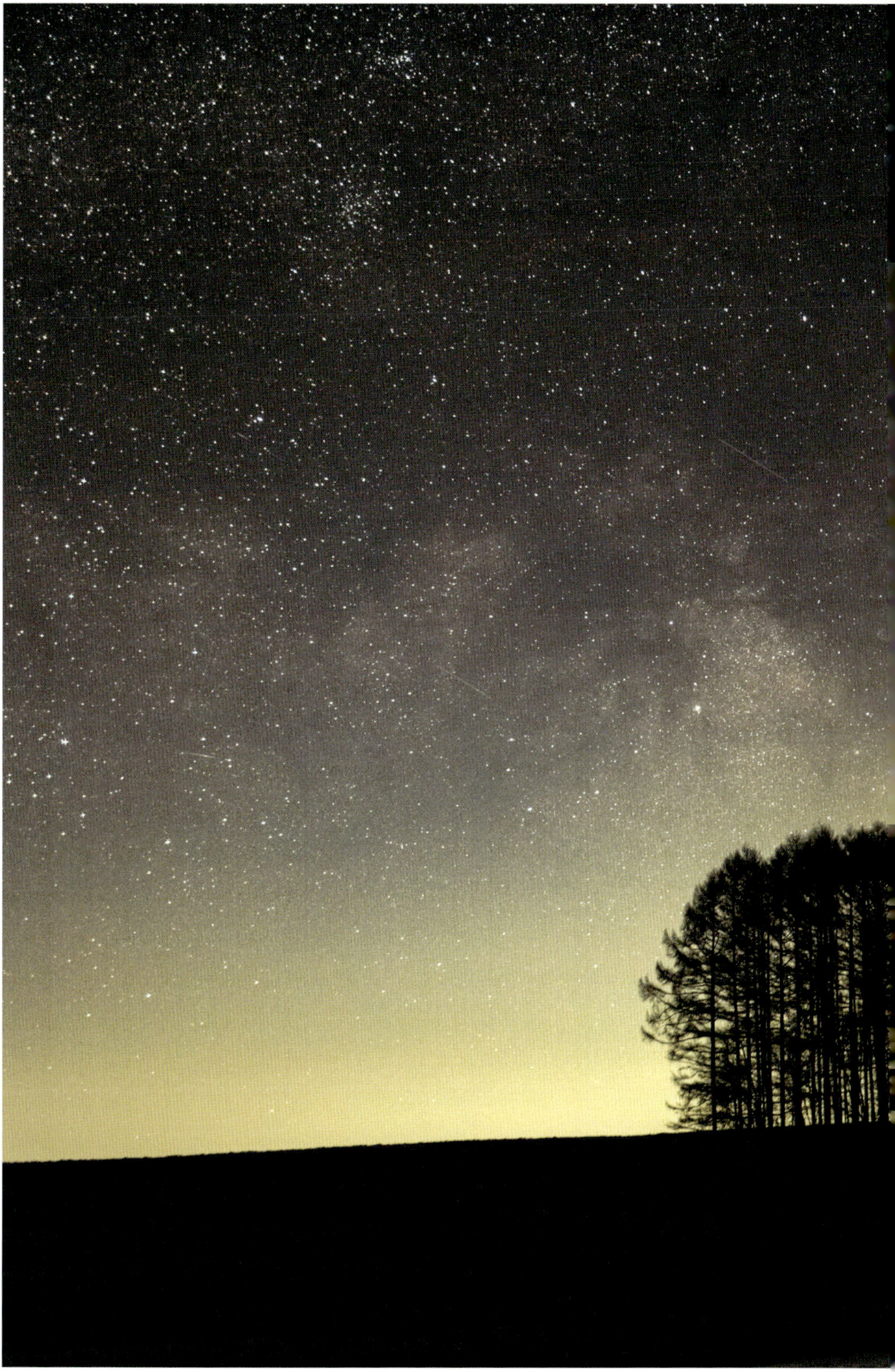

星空を撮る楽しみ

「天体を撮影する」と文字にすると難しそうですが、明るい月なら、スマートフォンでも小さく写ります。天体望遠鏡を使ってみたら、きれいな月の写真が撮れて、しばらく待ち受け画面にして楽しみました。

　でもやっぱり星を撮影するなら、レンズ交換のできる一眼レフカメラを用意したいところです。星の写真は「とにかくチャレンジ」というけれど、その「基本」がわからないとチャレンジも難しい。そこで、天体写真家の中西昭雄さんに教えていただいた、天体写真撮影のポイントをご紹介します（127〜132ページ）。

　星座の写真が撮りたい、景色が写り込んだ星夜写真を撮りたい、など自分の撮りたいものをイメージしながら、撮影にチャレンジしてみませんか。光をじっくり集めて写真に撮ると目には見えない暗い星まで見えてきます。写真は芸術であり、そして大切な記録であると思うのです。

スマホで月を撮る

　カメラを常に持ち歩くことは難しい、使いこなす自信がない、そもそも持っていない…いろいろな声が聞こえてきます。実はスマートフォンでも、月ならば結構きれいに撮影できます。ただ月に直接向けても、月がぼやけたり小さく写ったりするため、望遠鏡の力を借りましょう。簡易組み立てキット望遠鏡でも楽しめます。私は、スマートフォンに付けられる、単眼鏡のような低価格の望遠鏡が手軽でお気に入りです。望遠鏡の接眼部と、カメラレンズを上手に合わせることがポイントです。

　ちなみにミクロ用のクリップ式小型レンズもあり、雪の結晶や苔などを撮影することもできます。昼も夜も、工夫して身近な自然を楽しみましょう！

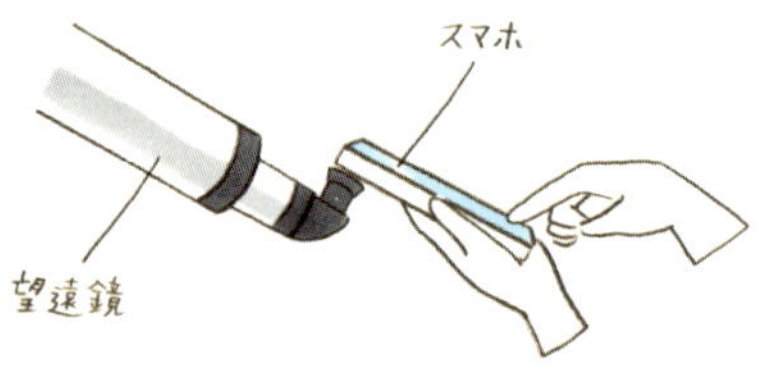

用意するもの

星空を撮るために必要なものをご紹介。ここに載せているのは必要最小限のものなので、もっとはまったらいろいろ買いそろえてもいいですね。まずは挑戦してみてください。

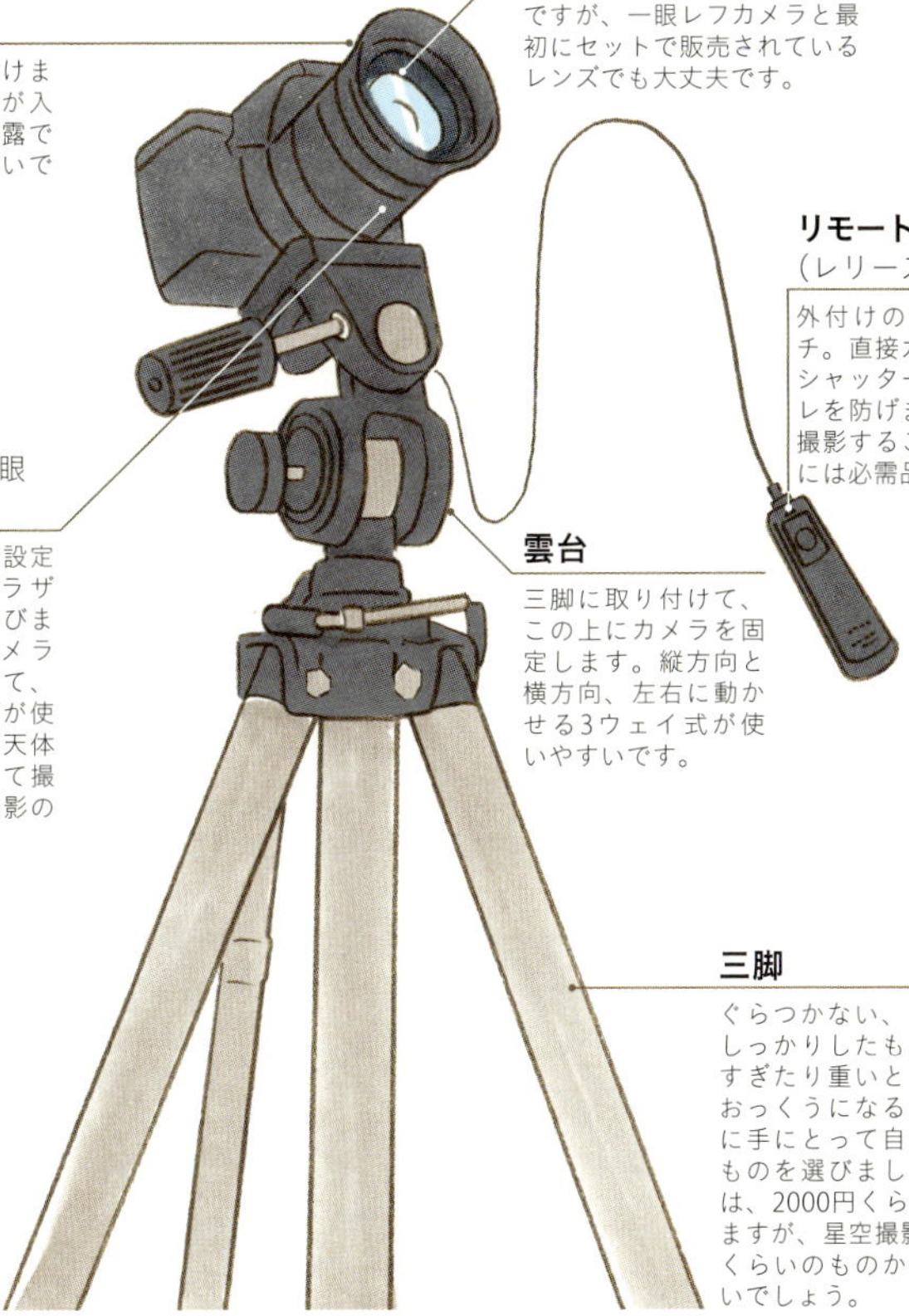

レンズ

明るい広角レンズがおすすめですが、一眼レフカメラと最初にセットで販売されているレンズでも大丈夫です。

レンズフード

レンズの前面に取り付けます。レンズに邪魔な光が入ることをさえぎり、夜露でレンズが曇ることも防いでくれます。

リモートスイッチ（レリーズ）

外付けのシャッタースイッチ。直接カメラに触らないでシャッターが切れるので、ブレを防げます。長時間露出で撮影することが多い星空撮影には必需品です。

カメラ（デジタル一眼レフカメラ）

長時間露出や高感度の設定をしてもノイズ（ザラザラ）が少ないものを選びましょう。一眼レフカメラは、レンズ交換ができて、魚眼や、超望遠レンズが使用できたり、ボディを天体望遠鏡に直接取り付けて撮影できたりと、星空撮影の幅が広がります。

雲台

三脚に取り付けて、この上にカメラを固定します。縦方向と横方向、左右に動かせる3ウェイ式が使いやすいです。

三脚

ぐらつかない、できるだけしっかりしたものを。大きすぎたり重いと持ち運びがおっくうになるので、実際に手にとって自分に合ったものを選びましょう。価格は、2000円くらいからありますが、星空撮影には1万円くらいのものから選ぶといいでしょう。

ディフュージョンフィルター（ソフトフィルター）

光を拡散させるためのフィルターで、レンズに取り付けて使います。これを使うと、星の周りに光がにじんで大きく写り、星座の形や星の色がよくわかるようになります。星空撮影に慣れてきたらぜひ試してみてください。

星空撮影の基礎知識

星空撮影は、昼間の撮影とは違うちょっとしたコツが必要。
でもデジタルカメラなら、撮った写真をすぐに確認することができるから、
気に入るものが撮れるまで、何度でも挑戦してみてくださいね。

レンズの設定

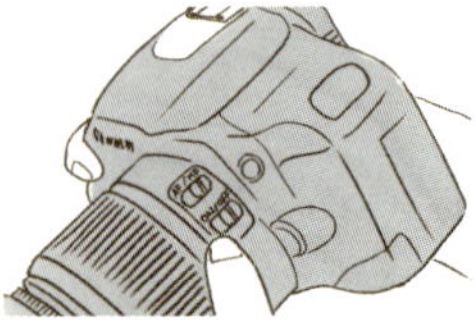

一般的な設定とは異なり、レンズの設定をオートフォーカス（AF）からマニュアルフォーカス（MF）に切り替え、手振れ補正（STABILIZER）をOFFにします。

カメラの設定

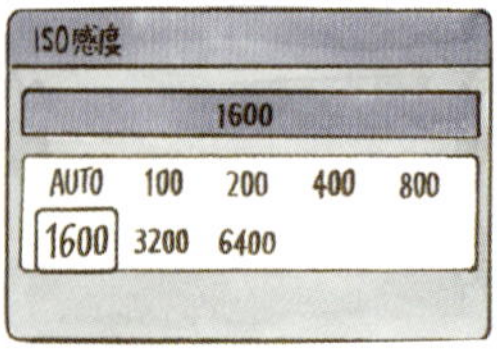

シャッタースピード（露出）を10秒～数分に設定することが多いので、露出モードを、手動設定のマニュアル（M）、もしくは押している間ずっとシャッターが開くバルブ（B）に設定します。ISO感度とは、どれくらい弱い光までを記録できるかを数値化したもので、値が高いほど弱い光を撮影できますが、画質が粗くなる（ノイズが目立つ）という欠点も。明るい月や星の軌跡を撮る場合は100～800、星を点像で撮りたい場合は1600以上と高く設定します。

ピント合わせの方法

ピントは、カメラの先のほうのピントリングを回して合わせますが、そのとき「ライブビュー」という機能を使うと便利です。「ライブビュー」では明るい星にカメラを向けると、その画像がリアルタイムで液晶モニターに映ります。そのとき、5×、あるいは10×というように拡大表示をすると、ピントが合っているか確認できます。まずは夜景や月など明るい光源に向けて練習してみてください。ライブビュー機能がないカメラでは、ファインダーをのぞいて明るめの星を探し、ある程度ピントを合わせます。撮影したら、液晶モニターで拡大して星のピントが合っているかを確認。それを何度も繰り返しましょう。

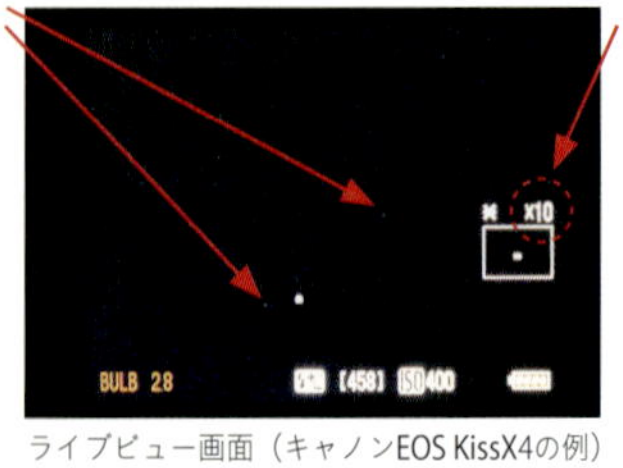
低い倍率で星を探しておき、拡大してピントを合わせます。
ピント合わせに使う星は、明るい星ではなく、暗い星が適しています。

ライブビュー画面（キャノンEOS KissX4の例）

Step1 身近な場所で、まずは気軽に撮ってみる

満天の星の下で撮影するための練習として、まずは身近な場所で撮れるものから挑戦。家のベランダから見える満月を撮ったり、灯りが少なく視界が開けた近くの河川敷などで星を撮ったり。夢は広がります!

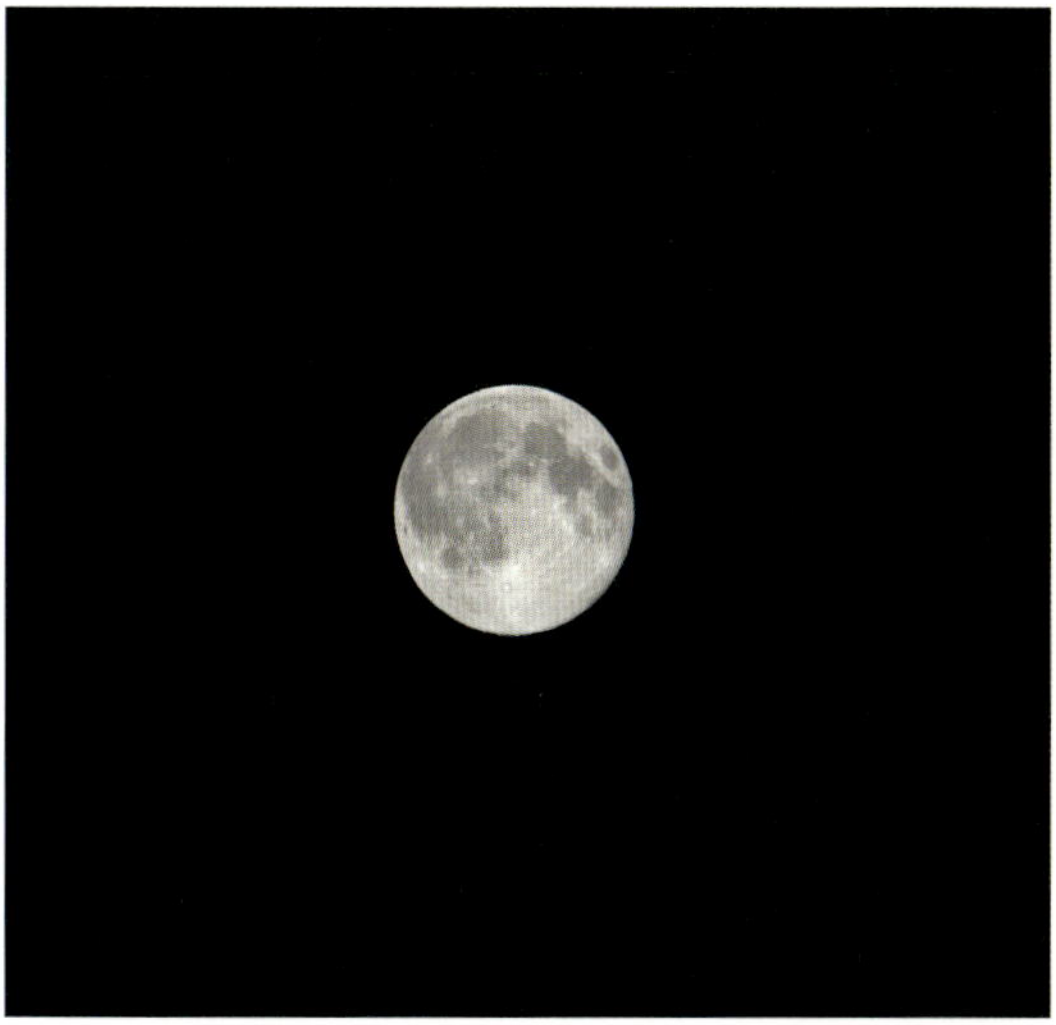

満月を撮る

月は私たちにとって最も身近な存在。中でも満月はとても明るく、一晩中見られるので、最初に撮影を試してみてほしい天体です。三脚を使わず手持ちでも撮影でき、星の写真としては例外的に自動設定のオートフォーカスでもピントが合います。標準ズームレンズの望遠側でも模様が写りますが、200mm以上の望遠レンズなら一層よく写ります。

望遠レンズで撮った満月
480mm相当の望遠レンズ　絞りF5.6　ISO200　露出1/250秒

街灯の少ない場所で星を撮る（基本）

三脚にカメラを載せて、ピントを合わせ、構図を決めたら、ISO感度（400以上）、絞り（2.0〜4.0）、露出（10秒前後）を設定して、リモートスイッチを使って撮影します。絞り（F値）はレンズの開放具合のことで、値が小さいほど光を多く取り込みます。設定は色々と試してみてください。街中だと星は少ししか写りませんが、写ったら大成功。

河川敷で撮ったこと座
35mm広角レンズ　絞りF4　ISO400　露出10秒

※全画面を掲載すると、星が分かりにくいため、100mm中望遠レンズ相当にトリミングしています。

Step2 少し遠出して星のよく見える場所へ

星の輝きはとても繊細。たくさんの星を写真におさめたいなら、ちょっと遠出して街灯りの少ない視界の開けた場所へ出かけてみましょう。田舎に出かけたり、高原や山、海などに旅行に行く機会にも、ぜひ挑戦してみて。

夕焼け空に浮かぶ三日月を撮る

夕焼けをバックにした三日月はとても綺麗ですよね。三日月は満月に比べると光が弱く、少し撮影が難しくなるので、三脚を使って撮影します。標準ズームレンズで、地上の景色から三日月まで気に入った構図を決めましょう。露出は数分の1秒から数秒程度、オートでも撮れます。満月の撮影も同じですが、月の撮影では絞りは5.6程度、ISO 感度は200〜400が適しています。

三日月と金星、木星
90mm相当の中望遠レンズ
絞りF5.6　ISO400　露出2秒

美しい風景の中で満天の星を撮る

満天の星が見える場所というのは、自然がたっぷり残っている場所。街灯もなく視界も開け、星空撮影に適しています。満天の星を写真におさめるなら、撮影には24mm前後の広角レンズが使いやすく、絞りは開放近く（値が小さい）にセット。そして点像で撮りたい場合、ISO感度は1600〜6400にします。露出は10秒〜30秒で試してみてください。

唐松林と星空
24mm広角レンズ　絞りF2.8　ISO1600
露出30秒

Step3 旅先の星空や流れ星の撮影（応用編1）

星の綺麗な写真が撮れるようになったら、一歩進んだ星空撮影に挑戦してみませんか？旅先で風景写真を撮るような気持ちで星の写真を撮ったり、流れ星を撮ることもできるんです。

旅先の建物と星空を撮る

旅行先でのさまざまな出会いは、とても新鮮なもの。その中でも星空と一緒に撮影しやすいのは建築物です。ライトアップされていたり、街中の建築物と一緒に写せるのは、月や惑星などに限られてしまいますが、オートでもそれなりに写ります。街灯りから遠い場所にある建築物は、星空と一緒に撮影できる絶好の対象です。満天の星と同じ要領で試してみてください。

パゴダと冬の星座
16mm超広角レンズ　絞りF2.8
ISO3200　露出20秒

流れ星を撮る

夜空をスーッと流れるひと筋の流れ星。そんな流れ星も写真におさめることができます。写真に写るのは1等星以上の明るい流れ星に限られますが、そんな流れ星が撮れる絶好のチャンスが、8月のペルセウス座流星群、12 月のふたご座流星群など、流星群の極大日。撮り方は、満天の星を撮るのと同じ要領で、ただひたすらシャッターを切ってみてください。

ふたご座流星群
24mm広角レンズ　絞りF2.0
ISO1600　露出30秒

Step4 高度な写真に挑戦！（応用編2）

これまでは露出が数十秒での撮影でしたが、数分以上の露出をかけて星の軌跡を写したり、星空の中から目的の星座を見つけて、それを画面におさめて撮れるようになれば、もうすっかり天体写真のベテランです。

星の軌跡を写す

星が目で見たような点像として写るのは、24mm位の広角レンズでは露出10〜30秒位までです。それ以上の露出時間になると、露出が長ければ長いほど、長い軌跡（線）となって写ります。このような写真は幻想的で、地球が自転していることを実感できます。撮影には丈夫な三脚を使い、レンズに夜露がおりないよう、カイロで保温するなどの工夫が必要です。

天の北極の日周運動
35mm広角レンズ　絞りF4.0
ISO100　露出15分

星座写真に挑戦

カメラのファインダーでは星が見えにくいですが、星座の位置をこの本などを使って確かめながら、頑張って構図を決めてみましょう。標準ズームレンズなら、星座の大きさに合わせてズームすることができて便利です。星座の形や星の色を分かりやすくするには、この写真でも使っているディフュージョンフィルター（127ページ参照）を使うといいでしょう。

オリオン座と冬の大三角
28mm広角レンズ　絞りF2.8
ISO3200　露出15秒

Column 5

日の出・日の入り

星空の写真を撮影するときは、日の出入りの時刻や、月の出入りの時刻を調べます（新聞の地方欄にも載っています）。明るい月が出ていると星を撮るのは難しいですが、月を撮るなら夜に月が出ている時刻でなくてはいけません。

ところで、この時刻には定義があります。「日の出・日の入り」は、地平線に太陽の上の縁が接する瞬間の時刻。「月の出・月の入り」は、月の中心が地平線に一致する瞬間です。月は見かけの形が変わるからです。

夜は日の入りから日の出まで。でも、ある瞬間からきっぱり真っ暗にはなりませんよね。朝も少しずつ明るくなり太陽が昇って新しい1日が始まります。この夜と朝の境目の、少し薄暗い頃を「薄明《はくめい》」といいます。私の住む地域では、日の入り30分前頃に子供たちに帰宅を促すチャイムが流れます。夕暮れを特に「薄暮《はくぼ》」と呼ぶこともあります。また、「天文薄明《てんもんはくめい》」は、空の明るさが星明かりより明るい時間のことで、日の出入り前後1時間半くらいです。

たそがれ・かはたれ

薄暮の頃を「たそがれ」といいます。「誰《た》そ彼《かれ》（彼は誰？）」と人の姿がよく見えないことからきた言葉です。朝の薄明の頃は「かはたれ」。「彼《か》は誰《たれ》（誰なの？彼は）」です。「たそがれ」は「黄昏」とも書き、景色の色合いまで想起させるよう。日本語には時や自然を表す豊かな表現がたくさんあり、変化しつつも受け継がれているのです。

6

さらにもう一歩！
双眼鏡と天体望遠鏡のこと

人が初めて望遠鏡を夜空に向けたとき、感嘆のため息がこぼれたことでしょう。科学の時代に生きる私たちでも夜空を望遠鏡で見るたびに感動を新たにします。双眼鏡や望遠鏡で星空を覗いてみませんか？

双眼鏡・天体望遠鏡の楽しみ

街中でもっと星が見たいと思いませんか。人の目は、瞳の直径が約7㎜と限界があります。双眼鏡を使って見ると、街中で見える星の数が増えて、月もぐっと近づいたように見えますよ。暗い場所で天の川や星団に双眼鏡を向けると、空が星で埋めつくされているように感じられるでしょう。双眼鏡は組み立て不要なので、好きなときに気軽に使えて便利です。

もっと詳しく見たくなったら、やはり天体望遠鏡の出番です。目では点にしか見えなかった惑星の姿が変わります。土星に環があることや、金星が三日月のように欠けている様子も見えます。木星の縞模様もわかります。ニュース映像で見るような大迫力の像は家庭用望遠鏡では見えませんが、本物ならではの圧倒的な存在感があります。目で見ていることがすべてではない、と世界を見る目が変わるかもしれません。

天体望遠鏡

細長いタイプ、太くて短いタイプなど、いろいろな種類があります。上のイラストは屈折式望遠鏡＋経緯台式架台。コンパクトで持ち運びしやすいです。ファインダー（低倍率の望遠鏡）は見たい天体の導入などに使います。

双眼鏡

天体望遠鏡のような操作は必要ありません。見たいものに向けるだけなので使いやすいです。視野が広く、探したい星を見つけるときにも便利です。しっかりとした三脚に取り付けて使うとより見やすくなります。

オペラグラス

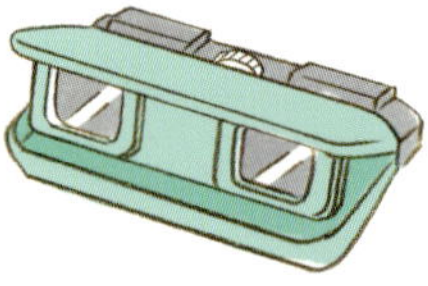

双眼鏡よりさらに手軽に持ち運べて便利です。小さなポーチにもぽんと入ります。バードウォッチングやスポーツ観戦などでも活躍。軽いので、山歩きのときに持ち歩いて、景色を眺めるときにも使えますよ。

天体望遠鏡の倍率って？

お店のポップに「この望遠鏡は３００倍」「こちらはなんと５００倍」などと書いてあると、思わず手をのばしたくなりますよね。でもちょっと待って。どの望遠鏡でも、倍率は変えることができます。望遠鏡には夜空に向ける方（対物レンズ）と、目で覗く方（接眼レンズ、アイピースとも）があり、両方のレンズのある辺りをよく見ると、それぞれの焦点距離が小さく数字で書いてあります。倍率は単純な割り算で求められます（下記参照）。つまりいくらでも高倍率にできるのです。でも高い倍率のものは上級者にお任せした方がよさそうです。かなり狭い範囲を見ることになり、天体を導入することが難しくなりますし、集める光が少なくなって像が暗くなるためです。

双眼鏡は計算の必要がありませんが、倍率が変えられないので、何を見たいのか目的を決めてから選びましょう。視野が広いので天体を探すときにも便利です。

天体望遠鏡の倍率の求め方

倍率＝対物レンズの焦点距離（mm）÷接眼レンズの焦点距離（mm）
＝いま見ている倍率

焦点距離はｆの隣に書いてある数字です。Dは口径（対物レンズの直径）を表す数字です。口径が大きいほど高い倍率でも綺麗に見えますが、口径が大きいということは望遠鏡が大きく重くなり、扱いが大変になります。綺麗に見たいなら口径の約10倍。８cmなら80倍くらい。見る対象にもよりますが、口径（mm）の2倍くらいが倍率の限界といわれます。口径８cmなら80×2＝160倍。それ以上の倍率では像が暗くなるばかりで、細かなところは見えてきません。組み立てや手入れが大変で使わなくなるよりも、手軽に使える小型の望遠鏡をどんどん楽しむ方がいいかもしれませんね。

※双眼鏡の倍率は変えられません。

初心者は双眼鏡から

望遠鏡はハードルが高そう……それならまずは手軽な双眼鏡がおすすめ。用途が広く、女性でも簡単に持ち運びができ、複雑な操作も必要ありません。

もし一台購入してみようかなと思ったら、できれば量販店ではなく専門店でお店のスタッフに相談してみましょう。丁寧に教えてくれるお店がいいですね。精巧なレンズのものほど価格も高くなるので、お財布とも相談です。双眼鏡は望遠鏡と違い、倍率は変えられません。ただ口径が大きくなると重たくなります。私は普段は7倍×50㎜の双眼鏡を愛用しています。太陽を見ないように建物の影に入って昼間の金星を探したり、夜は星団を見たり、月に向けたりと楽しんでいます。ベランダの柵に肘を乗せて気ままに夜空を眺めていると、目が大きくなったような気分。双眼鏡は立体視できて、ゆっくり星空を浮遊している感覚になります。これは双眼鏡ならではの醍醐味ではないかと思います。

双眼鏡を向けてみよう

散開星団すばる（M45プレアデス星団）

おうし座の肩の辺りに、ごちゃっと星が集まっているように見えるところがあります。目では6つくらいの星に見えますが、双眼鏡を向けるとたくさんの星の集まりだとわかります。

天の川

夏は特に天の川が太く濃く見えます。山や高原に出かけたら肉眼でも白くぼんやりと見えます。そこに双眼鏡を向けると、無数の星が視野いっぱいに広がります。星図で天の川がどこにあるか確かめておきましょう。

月のクレーター

初めて双眼鏡を使うときには、見たいものを視野に入れることも難しいので、明るい月はぴったりです。ぐっと大きく見えますよ。欠け具合で見え方は変わります。クレーターや欠け際をゆっくり楽しんでみてください。

双眼鏡の基本

ここでは、双眼鏡の各部の名称や、表示の見方、基本的な双眼鏡の使い方についてご紹介。双眼鏡は星を見るだけでなく、野鳥観察や、劇場鑑賞などにも使えてとても便利なので、ぜひ基本をマスターして使ってみましょう。

双眼鏡の仕様表示

10×70　6.5°

↑ 倍率　↑ 口径　↑ 実視界

倍率は、裸眼で見たときより、どれくらい大きく見えるか。口径は、対物レンズの直径。実視界は、双眼鏡で見える範囲のことで、対物レンズの中心点から測った角度を表し、値が大きいほど広い範囲が見えます。

双眼鏡各部の名称

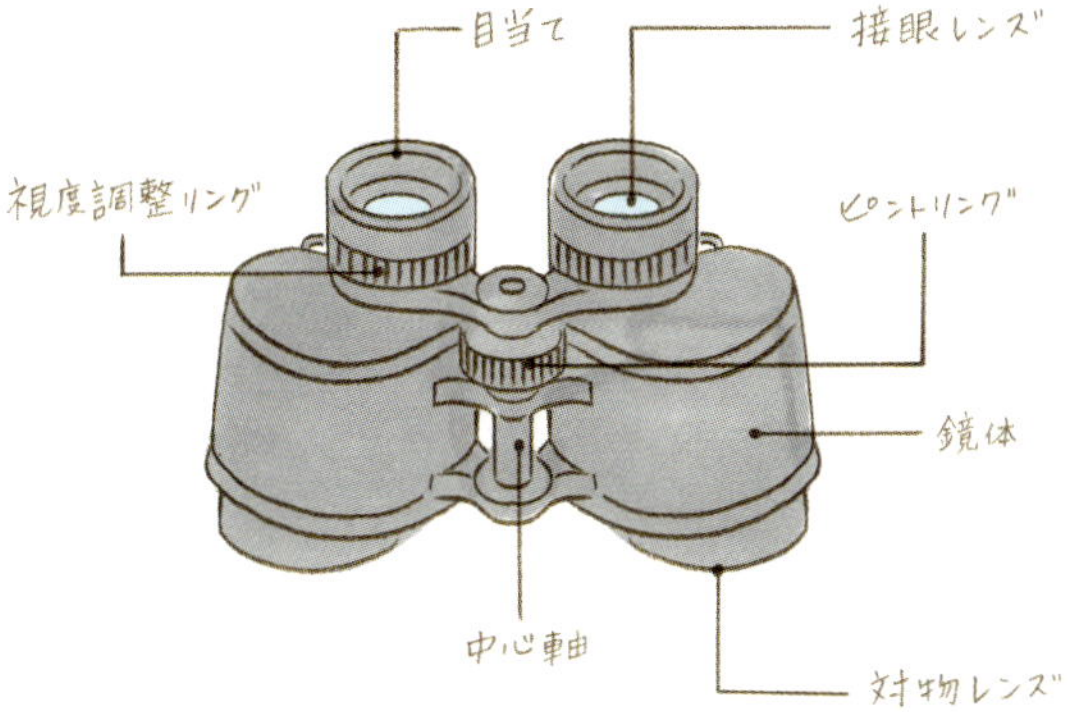

双眼鏡の使い方

眼幅を合わせる

眼幅とは左右の眼の瞳孔の間隔のこと。本体を両手で持って、鏡体を動かし、左右の接眼レンズの中心の間隔と自分の眼幅に合わせます。接眼レンズを覗いて、左右の眼で見えるふたつの円がぴったりひとつに重なればOKです。

視度を合わせる

（最も一般的な中央繰り出し式の場合）

左目で左側の接眼レンズを覗きながら中央のピントリングを回し、一番はっきり見える位置に合わせます。次に右目で右側の接眼レンズを覗き、右側の視度調整リングを回して、おなじように一番はっきり見える位置に合わせます。

見やすい構え方

両脇をしっかり締めて、両手でしっかり双眼鏡を持ちましょう。手すりなどに肘を乗せたり、壁や塀、木などに寄りかかって見ると、手ぶれしません。もっとしっかり見たい人は、三脚に取り付けて使いましょう。
※三脚に取り付けるには、ビノホルダーという専用の機材が必要。

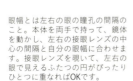

天体望遠鏡の種類

天体望遠鏡は大きく2種類

天体望遠鏡は光を一点に集め、接眼レンズで拡大して見る道具です。光の集め方には大きく2種類あります。

☆屈折式

レンズを使って、天体の光を集めます（望遠鏡の先から中を覗くと、手前に大きなレンズがある）。ゆがみのない大きな1枚レンズを作るのは難しく、重くなるため、大きなものはほとんどが次に紹介する反射式です。

☆反射式

凹面鏡を使って天体の光を集めます（望遠鏡の先から中を覗くと、筒の底の方に大きな鏡が見える）。デリケートで、調整や保管に気をつける必要があります。天体を見る1〜2時間前には外に出して筒の中の空気を安定させましょう。

架台（天体望遠鏡を乗せる台）も2種類

架台は三脚の上に設置し、天体望遠鏡をその上に乗せるもの。三脚はしっかりしたものを選びましょう。

☆赤道儀式架台

星空と同じ動きをします。便利ですが、回転する軸の先を北極星に向けて使うので、最初のセッティングで少し知識が必要です。また、経緯台式よりも装置が複雑で、重たくなります。

☆経緯台式架台

上下水平に動きます。最初はなるべく低い倍率で、月などの明るく大きな天体から練習しましょう。地球の動きは速くて、天体は視野からどんどん外れていくので、常に微調整していないと導入からやり直しになりますが、手軽さで選ぶなら経緯台式がいいかもしれません。

天体望遠鏡を向けてみよう

双眼鏡の広い視野で夜空を楽しんだ後は、いよいよ望遠鏡です。見つけやすいものをいくつか選んでみました。写真のようにはっきりとは見えませんが、本物は小さくても圧倒的な存在感があります。

はくちょう座の二重星

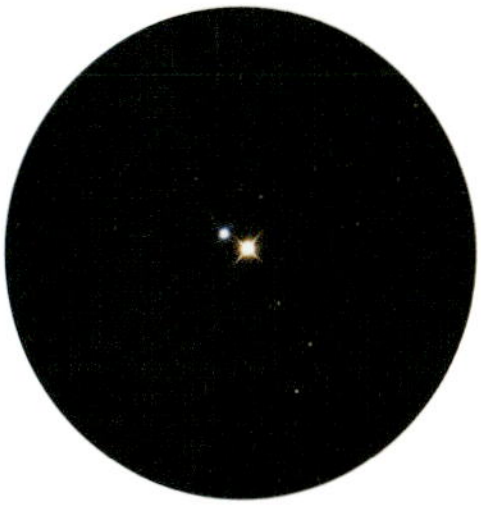

望遠鏡で見ると、2つに分かれています。トパーズとサファイヤのような輝きです。

こと座ε（イプシロン）

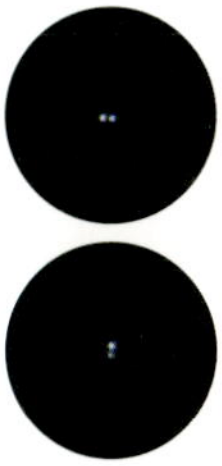

2つに分かれた星がさらに2つずつに見えます。雪だるまが縦向きと横向きにころんと転んだよう。

オリオン座大星雲（M42）

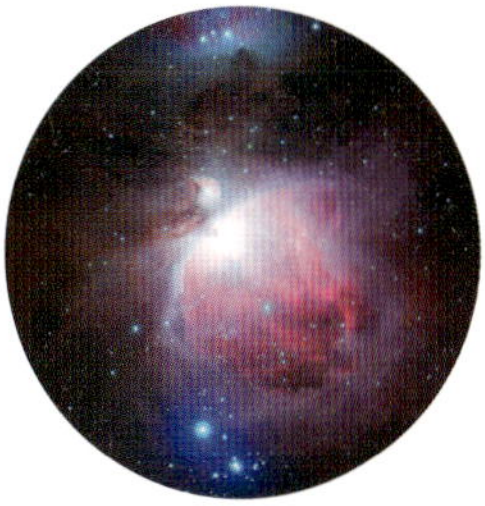

鳥が翼を広げているように見えます。ここでは新しい星が誕生しています。

1等星

明るいので導入の練習にも。望遠鏡で見ると輝きが増して美しい（写真はオリオン座のリゲル）。

金星

月のように満ちかけします。明るく見えるときは、三日月のように大きく欠けて見えます。

木星

縞模様が見えます。周りに4つの衛星もあり、時間をおいて見ると動いているのがわかります。

土星

かわいい環が見えます。望遠鏡で見たい天体の人気ナンバーワン。環の傾きは少しずつ変わります。

月のクレーター

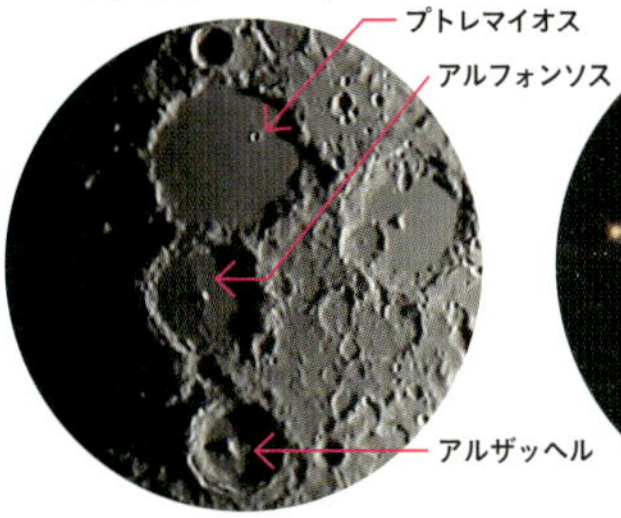

欠け際やクレーターなど月の細部が見えます。双眼鏡より高い倍率で見る月を楽しみましょう。

球状星団M13

M13はヘルクレス座にある球状星団です。ふわふわ毛玉ボールのように見えます。

おわりに

神話や星座が好きな人、天文学に興味がある人、時空とは何かという哲学的な思考に向かう人。星を見ながらみなさんは何を思うのかなぁと思いながら、この本ではいろいろなスパイスを散りばめました。キャンプで星を見たいという人のために、キャンプの方法など実践的な内容も加えました。

皆でわいわい星を楽しむのもいいけれど、一人で静かに楽しみたい人もいると思います。でもどこから始めたらいいのかわからない、やはりハードルが高そう？　そのときは本の中で一緒に星空を見上げましょう。本は好きなときに、自由に楽しむことができます。

星座を通じて、古代メソポタミアや古代エジプトの時代に思いを馳せると、星空の印象がまた違って感じられるかもしれません。星空はどこまでも続いています。空間だけでなく、過去や未来へも繋がっています。遠い未来に、人工知能も星空を認識する日が来るのでしょうか？　星座はどのような役割を担っていくのでしょう？　私は星空を見上げると、漆黒の闇に畏怖の感情を抱きます。この感情は何でしょうか？　星の光を見つめながら学び考え続けたいと思います。

最後に、編集を担当してくださった保坂夏子さん、中野博子さん、今度ぜひハンモックで星見しましょう！　前回に続いて素敵なイラストを描いてくださった高橋ユミさん、有留晴香さん、デザインをしてくださった井上直子さん、松永路さん、そして中西昭雄さんをはじめ、美しい写真を提供してくださった皆さま、本当にありがとうございました。

夕方の金星と水星、明け方の木星、火星を見ながら…

駒井仁南子

索引

参考文献

「天文年鑑」(誠文堂新光社)
「日本の星」野尻抱影（中央公論社）
「STAR NAMES」Richard Hinckley Allen (DOVER)
「ギリシャ神話上・下」呉茂一（新潮文庫）
「ギリシャ・ローマ神話」高津春繁（岩波新書）
「ギリシャ神話の世界観」藤縄謙三（新潮選書）
「星座めぐり」野尻抱影（誠文堂新光社）
「星座の伝説」草下英明（保育社）
「星座の文化史」原恵（玉川選書）
「星の神話・伝説」野尻抱影（講談社学術文庫）
「日本星名辞典」野尻抱影（東京堂出版）
「くもった日の天文学」理科年表読本（丸善株式会社）
「月」古在由秀（岩波新書）
「空と月と暦」米山忠興（丸善株式会社）
「ギリシャ神話を知っていますか」阿刀田高（新潮文庫）
「星と生き物たちの宇宙」平林久・黒谷明美（集英社新書）
「デジタルカメラによる天体写真の写し方」中西昭雄（誠文堂新光社）
「惑星のきほん」室井恭子、水谷有宏（誠文堂新光社）

著者プロフィール
駒井仁南子（こまいになこ）
プラネタリウム館、教育機関などで解説や番組制作、天文教室などの活動を行っている。近年は天文普及に力を注いでいる。おもな著書に「星のきほん」「星座がもっと見たくなる」「星空の楽しい話をしましょう」（すべて小社刊）など。

イラスト　高橋ユミ
　　　　　有留晴香
写真　中西昭雄
　　　田淵典子
　　　小野扶未
　　　渡辺和郎
デザイン　井上直子、松永路
編集協力　中野博子

星《ほし》の見《み》つけ方《かた》がよくわかる　もっとも親切《しんせつ》な入門書《にゅうもんしょ》

星空《ほしぞら》がもっと好《す》きになる New edition!

NDC 440

2018年5月20日　発　行

著　者　駒井仁南子《こまいになこ》
発行者　小川雄一
発行所　株式会社 誠文堂新光社
〒113-0033　東京都文京区本郷3-3-11
（編集）電話 03-5800-5751
（販売）電話 03-5800-5780
http://www.seibundo-shinkosha.net/

印刷所　株式会社 大熊整美堂
製本所　和光堂 株式会社

ISBN978-4-416-61807-3